mRNA
혁명,
세계를 구한
백신

mRNA 혁명, 세계를 구한 백신

초판 1쇄 발행 2021년 10월 25일
초판 3쇄 발행 2023년 10월 12일

지은이   전방욱

펴낸곳   이상북스
펴낸이   김영미
출판등록 제313-2009-7호(2009년 1월 13일)
주소   10546 경기도 고양시 덕양구 향기로 30, 106-1004
전화번호 02-6082-2562
팩스   02-3144-2562
이메일   klaff@hanmail.net

ISBN   978-89-93690-84-2   03470

mRNA

혁명,

세계를 구한 백신

면역과 백신의 메커니즘,
그리고 과학자들의 도전과 결실

전방욱
지음

이상북스

코로나19 팬데믹을 겪는 동안 신종 코로나바이러스의 감염과 전파를 성공적으로 막아주는 백신이 개발되었고, 우리는 mRNA(메신저 RNA) 백신이라는 용어를 흔히 사용하고 있다. 하지만 정작 누군가가 'mRNA 백신이 뭐지?'라고 묻는다면 대부분 말문이 막힐 것이다. 이 대답을 하려면 우선 mRNA와 백신이 무엇인지 기본적으로 알아야 한다.

DNA와 RNA는 모두 '핵산'이라고 하는 종류의 고분자(高分子)다. 같은 종류에 속하기에 비슷한 점도 있지만 결국에는 둘로 나뉘기 때문에 다른 점도 있다. 비슷한 점을 먼저 알아보자. 두 분자 모두 당, 인산, 염기로 구성된 뉴클레오티드라는 단위로 이루어진다. 다른 점은, 우선 당의 종류가 다르다. RNA는 리보오스(ribose)라는 당을 갖는

데 비해 DNA는 산소가 하나 적은 디옥시리보오스(deoxyribose)라는 당을 갖는다. DNA와 RNA라는 이름의 첫 자는 바로 이 당을 나타낸다. 염기의 종류도 약간 다르다. DNA는 A(아데닌), C(시토신), G(구아닌), T(티민)라는 염기를 갖는데, RNA는 A(아데닌), C(시토신), G(구아닌), U(우라실)라는 염기를 갖는다. RNA가 단일가닥의 뉴클레오티드 사슬인 데 반해 DNA는 뉴클레오티드 사슬끼리 마주 보는(염기들끼리 마주 보는) 이중가닥의 사슬이다. DNA의 이중가닥은 이중 나선 구조를 이룬다. 단일가닥인 RNA에 비해 이중가닥인 DNA는 더욱 안정하다. 그리고 길이가 다르다. DNA는 많은 뉴클레오티드 단위들로 이루어진 긴 분자고, RNA는 이보다 적은 뉴클레오티드 단위들로 이루어진 비교적 짧은 분자다.

이처럼 뉴클레오티드 단위들이 방향성을 가지면서 상류에서 하류로 연결되면 염기도 자연스럽게 순서를 이루게 되는데, 이 뉴클레오티드 사슬 내의 염기 순서, 즉 염기서열이 유전정보가 된다. 단백질을 만들 수 있는 유전정보의 단위를 유전자라고 한다. 유전정보는 생물체에 아주 소중한 정보이기 때문에 일반적으로 세포의 중심부에 있는 핵 속에 안정한 구조를 갖는 DNA라는 원본의 형태로 존재한다. 그런데 단백질을 통한 세포의 작용은 핵 바깥쪽의 세포질에서 일어난다. DNA는 핵에 붙박이로 존재하기 때문에 자신의 유전정보를 품은(전사) 복사본 RNA를 만들어 세포질로 파견하는데, 이 RNA를 mRNA라고 한다. 이 mRNA의 유전정보를 바탕으로 리보솜이라는 단백질 합성 기구는 단백질을 만든다(번역). 이처럼 모든 생물에서는 DNA→ RNA→ 단백질로 유전정보의 흐름이 발생하고, 이를 생물학의 중심 원리(central dogma)라고 한다.

바이러스는 단백질 껍질로 둘러싸인 DNA나 RNA를 유전물질로 갖는 기생체다. 일단 인체 내로 들어오면 이 유전물질은 어떤 종류의 바이러스건 상관없이 숙주세포가 인식할 수 있는 mRNA의 형태로 바뀌어 자신의 단백질을 만들도록 시킨다. 인체는 바이러스의 이 단백질를 항원으로 인식해 항체를 만들어 대항하거나, 기억세포를 만들어 다음에 같은 바이러스가 침입할 경우를 대비한다. 백신은 죽거나 약화된 바이러스 또는 바이러스의 단백질로 숙주세포에 침입하는 바이러스를 흉내 내어 인체의 면역작용을 돕는다.

mRNA 백신은 바이러스의 단백질 대신 그 단백질(항원)을 만들도록 지시하는 유전정보를 mRNA의 형태로 넣는 백신을 말한다. 이 백신이 세포 내에서 작용하도록 하기 위해서는 mRNA가 어떤 항원 단백질을 만들게 할 것인지 결정해야 하고, 거부 반응을 일으키지 않는 안전한 mRNA를 만들어 이를 인체에 넣는 방법을 먼저 고안해야 한다. 최초로 사용이 승인된 mRNA 백신은 모더나(Moderna) 백신, 화이자(Pfizer)/바이오엔테크(BioNTech) 백신으로 잘 알려진 코로나19 백신이다.

2019년 중국 우한에서 처음 발생한 코로나19(Coronavirus disease-19, COVID-19)는 현재 전 세계에 걸쳐 확진자가 2억 명, 사망자가 400만 명을 넘을 정도로 가공할 확산세를 보이고 있다. 마땅한 치료약이 없는 가운데 사회적 거리두기, 개인위생, 격리, 봉쇄만으로는 코로나19를 진정시키기 어려운 상황이다.

2020년 1월 9일 세계보건기구(WHO)가 코로나19가 확산되고 있다고 발표하고 이틀 만에 불행 중 다행으로 중국 과학자들이 신종 코로나바이러스 유전물질의 염기서열을 공개했다. 이를 바탕으로 미국국립보건원(NIH)과 모더나는 다시 이틀 만에 첫 번째 mRNA 백신 후보를 설계할 수 있었다. 그리고 66일이라는 세계 최단기록을 세우며 이 백신 후보는 임상시험에 진입했다. 이후 두 종류의 백신이 긴급사용승인을 거쳐 현재 많은 사람들에게 접종되고 있다. 이처럼 최단 시간에 mRNA 백신을 개발해 접종하지 않았다면 코로나19로 인한 희생자는 폭발적으로 늘어날 수밖에 없었을 것이다. 그런 점에서 mRNA 백신은 세계를 구한 백신이라고 할 만하다.

모더나와 화이자/바이오엔테크의 mRNA 백신 이면의 개념은 전혀 새로운 것이 아니다. 그러나 금세 성공할 것 같았던 이 개념이 증명되기 위해서는 무려 40년에 걸친 고난의 세월이 필요했다. 그동안 유·무명의 많은 과학자가 기초 및 응용 부문에서 축적한 연구 결과들이 코로나19라는 팬데믹 비상 시국에 순식간에 결집해 mRNA 백신을 개발할 수 있는 밑바탕이 되었다는 점을 잊어서는 안 된다. 백신에 사용되고 있는 mRNA 치료제는 앞으로 백신뿐만 아니라 암과 같은 질병을 예방하거나 치료하는 데도 더욱 효과적으로 활용될 수 있을 것이다.

이 책의 1장 "면역과 백신의 기초"에서는 전반적인 면역의 메커니즘과 백신의 역할을 알기 쉽게 설명했다.

2장 "멀고도 험한 길"에서는 mRNA 백신 개발이 주로 항원의 구조 연구, 뉴클레오티드 변형, 지질 나노 입자 포장이라는 세 분야의 혁신을 거쳐 이루어졌으며, 이를 위해 유·무명의 많은 과학자가 기여한 내용을 살펴보았다.

3장부터 5장 "카탈린 카리코: mRNA의 꿈" "카탈린 카리코: 도전과 역경" "카탈린 카리코: 마침내 찾아온 성공"에서는 mRNA 백신 개발의 최대 공로자라 할 수 있는 카탈린 카리코(Katalin Karikó)의 일대기와 그가 연구하고 이룬 내용에 대해 과학적인 설명을 덧붙였다. 카리코 박사는 다른 사람들이 거들떠보지도 않았던 합성 mRNA의 가능성을 믿었다. 1990년대와 2000년대에 손상된 단백질을 대체하거나 보충하기 위해 합성 mRNA를 사용했을 때, 세포는 이 mRNA를 이물질로 간주해 염증반응이나 mRNA 파괴 등을 일으켜 연구가 교착상태에 빠졌다. 카탈린 카리코는 지원과 연구비가 부족한데도 불구하고 획기적 연구를 시도했으며, 종신재직권까지 포기하면서 프로젝트를 계속했다. 카리코 박사는 mRNA가 인간 mRNA의 특징을 더 많이 포함하도록 우리딘을 1-메틸슈도우리딘(1-methylpseudouridine) 등으로 대체하면 원치 않는 염증반응을 일으키지 않고 생성되는 단백질의 양도 늘어난다는 사실을 마침내 발견했다.

6장 "스파이크에 얽힌 비밀"은 키즈메키아 코벳(Kizzmekia Corbett)이 주도하는 미국국립보건원의 백신연구센터 연구팀이 융합 이전의 코로나바이러스 단백질 항원 구조를 발견하고 모더나 사와 협력해 중화역가와 치사 챌린지 시험(살아 있는 바이러스에 노출시켜 백신이나 치료제의 효과를 검증하는 실험) 시 생존능력이 우수한 백신을 설계·개발한 과정과 임상시험을 거쳐 실제로 접종에 이르게 된 이야기를 다루었다.

7장 "또 하나의 혁신, 지질 나노 입자"에서는 불안정한 mRNA를 세포로 전달하기 위해 양이온성 프로타민과 중합체를 거쳐 지질 나노 입자를 개발하기까지의 경과와 지질 나노 입자의 원리, 그리고 전달 능력을 개선하기 위한 여러 가지 노력, 이를 적용한 mRNA 백신 전달에 대해 알아보았다.

8장 "신종 코로나바이러스 mRNA 백신 개발"은 이런 혁신들을 바탕으로 마침내 코로나19 백신이 개발된 경위를 원리증명 시험, 전임상 사례, 인간 임상시험 중심으로 다루었다.

9장 "mRNA 백신의 생산"은 상업적 규모에서 mRNA 백신 제조 공정을 원료의약품 생산과 의약품 제조로 나누어 mRNA 백신 플랫폼의 이점, DNA 주형 생산, 시험관 내 전사반응, 정제 및 제제, mRNA-지질 나노 입자 제조, 병입 및 마감 품질 관리에 대해 설명했다.

10장 "mRNA 백신 연구의 현황과 미래"는 백신의 개발 경과, 백신의 구조, 작용 메커니즘, 감염질환 예방을 위한 백신 개발, 화이자/바이오엔테크와 큐어백(CureVac) 등 상용 mRNA 백신의 개발과 비복제 백신 및 자가복제 백신 유형, 암 백신 등의 현황을 다루고 미래를 전망했다.

코로나19는 내가 이제까지 살아오면서 가장 영향을 많이 받은 사건 중 하나라고 할 수 있고, 따라서 현재의 글쓰기는 당면한 이 사건과 무관할 수 없게 되었다. 마침 정년을 맞아 생명과학을 통한 의미 있는 일을 모색하다가 코로나19와 관련된 책 두 권을 이미 쓰거나 번역했다. 이번에 다시 두려운 마음으로 세 번째 책을 선보인다.

일찍이 겪어보지 못한 코로나19 사태를 지나는 가운데 독자 중에는 계획했던 삶이 비틀어지거나 커다란 어려움에 빠진 분도 있으리라 생각한다. 최악의 상황 속에서도 포기하지 않고 자신의 꿈을 끝내 성취한 이 책의 과학자들처럼 모쪼록 위기를 잘 극복할 수 있는 지혜를 얻기 바란다. 그리고 이 위태로운 세상을 용감하게 헤쳐나가기를 기원한다.

사회적 격리 시대에 함께한 가족, 그리고 지우들과 같이 출간의 기쁨을 나누고 싶다.

바이러스 시대의 격랑에서

2021년 10월

전방욱

mRNA 백신의 작동 방식

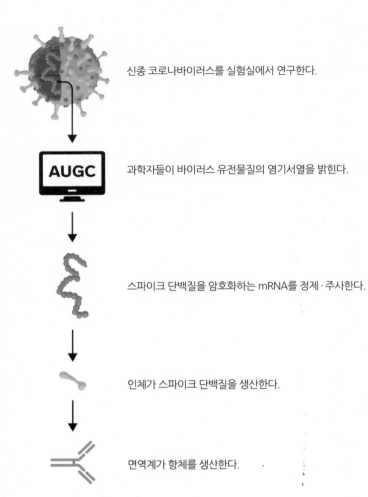

신종 코로나바이러스를 실험실에서 연구한다.

과학자들이 바이러스 유전물질의 염기서열을 밝힌다.

스파이크 단백질을 암호화하는 mRNA를 정제·주사한다.

인체가 스파이크 단백질을 생산한다.

면역계가 항체를 생산한다.

* 2020년 9월9일 미국립보건원이 상원청문회에서 발표한 자료 © INSIDER

차례

1장

면역과 백신의 기초

생물체 주변에는 바이러스, 박테리아, 원생동물, 균류 등 다른 생물체에 침범해 자신이 필요로 하는 것을 얻으려는 침입자들이 득실댄다. 바이러스는 세포의 기구를 탈취해 자신을 복제하고, 어떤 경우에는 자신의 DNA를 숙주의 DNA에 삽입하여 번식에 무임승차하기도 한다. 박테리아, 원생생물, 균류 등은 효소를 분비하여 생물체의 세포막과 세포질을 파괴하고 영양분을 빼앗는다. 그런데도 생물체들이 살아남아 번성하고 있는 것은 이와 같은 침입자에 대항하는 면역계를 다양하게 진화·적응시켜왔기 때문이다.

면역계는 침입자를 효과적으로 물리치는 것에 그치지 않고 한 번 침입을 당한 후에는 다음번 침입에 대비하는 방법을 갖추는 것까지 진화되었다. 무척추동물이나 다른 척추동물에서도 포유류와 비슷한 면역계를 어느 정도 갖추고 있다는 증거가 나오고 있지만 여기서는 주로 포유류의 면역계에 대해 살펴보려 한다.

1차 방어선

포유류의 면역계는 3중의 방어선으로 구성되어 있다. 첫 번째 방어선은 피부나 점막과 같은, 감염을 막아주는 물리적·화학적·생물학적 장벽이다. 피부는 박테리아와 같은 침입자의 효소가 쉽게 분해할 수 없는 케라틴이라는 단백질로 되어 있어 치밀하고, 손상되지 않는 한 효율적인 물리적 장벽으로 작용한다. 이 같은 피부는 몸 전체를 덮지는 못하는데, 왜냐하면 외부와의 물질 교환을 위해 내부 표면이 열려 있어야 하기 때문이다. 소화기관, 호흡기관, 생식기관 등의 통로는 방어에 효율적인 '관 속의 관' 구조를 이루어 위험한 생물들이 몸의 다른 부분으로 퍼지지 않도록 그것을 특정 구조 내에 붙잡아둘 수 있다.

또 피부와 점막에서 분비되는 액체는 침입자를 비특이적으로 씻어내거나 사멸시켜 인체가 감염되지 않도록 돕는다. 예를 들면, 호흡기관은 점액을 분비해 많은 미생물을 붙잡아두고 섬모운동을 통해 쓸어내는 작업을 하며, 위로 들어간 대부분의 생물은 강한 산성의 위산으로 인해 죽게 된다. 눈물 등의 분비액은 항박테리아 효소인 리소자임을 분비하는데, 이것은 세포벽의 화학 결합을 끊어 일부 박테리아를 분해시킨다.

피부나 점막에 사는 공생 미생물들도 우리에게 별로 해를 끼치지 않으면서 침입자에 대한 강한 경쟁자가 되는 응원군 역할을 할 수 있다. 큰창자에 사는, 인체에 비교적 무해한 대장균은 경쟁자와 양분을 놓고 경쟁하며, 질에 사는 젖산균은 산성물질을 분비해 다른 침입자들을 죽인다.

그런데 이 방어선은 몸에 해롭거나 그렇지 않은 것을 상관하지 않고 모든 침입자를 막기 때문에 무차별적이다.

선천성 면역반응

만약 이 같은 첫 번째 방어선이 뚫린다면, 선천성 면역반응 또는 비특이적 면역반응이라는 두 번째 방어선이 작동한다. 선천성 면역계에는 대식세포(macrophage), 호중구(neutrophil), 보체(complement) 등이 중요한 역할을 하는데, 톨유사수용체(toll-like receptor)도 이에 관여하는 것으로 알려져 있다. 선천성 면역반응은 매우 신속하게 작동하며 바이러스, 세균, 균류, 원생생물, 기생충 및 다양한 독소들과 같은 광범위한 종류의 병원체나 분자들을 인식한다. 식세포(phagocyte)는 생물체 바깥에서 들어온 병원체나 물질을 삼키거나 감염된 세포를 파괴시킨다. 최전방의 병사들과 같이 식세포들은 전쟁터에서 싸우다가 죽어간다. 죽은 식세포들은 고름을 형성하며 신호 물질이 방출되면 염증반응과 발열을 유발한다.

　염증은 상처 부위에 들어오는 미생물에게 부적절한 환경을 만드는 비특이적 메커니즘이다. 상처 부위에 혈장이 축적되면서 병원체가 분비하는 독소를 희석시키고 이 부위에 항균 물질들을 운반해온다. 이렇게 혈류가 증가하면 열이 발생하고 상처 부위가 붉어진다.

　항균 물질들은 비특이적 면역반응의 한 부분인데, 이 과정에서 톨유사수용체라는 패턴 인식 수용체(pattern recognition receptor)가 관여한다. 각각의 톨유사수용체는 광범위한 병원체에서 발견되는 특정 분자를 발견하여 결합하고, 항병원성 분자의 유전자를 발현시키는 신호전달 경로를 촉발한다. 최종적으로 사이토카인이 방출되는데, 결합하는 분자에 따라 인터페론, 인터루킨, 케모카인, 종양괴사인자(tumor necrosis factor, TNF) 등 특이적인 사이토카인을 방출한다. 사이토카인 폭풍은 사이토카인이 과다하게 분비되어 정상 세포를 공격하는 과잉 염증반응인데, 심하면 환자의 목숨을 빼앗기도 한다.

　보체는 생물체의 방어 메커니즘을 도와주는 단백질이다. 어떤 보체 단백질은 병원체의 세포막을 뚫기도 하고 식세포들이 상처 난 부위로 이동하도록 돕는다. 다른 보체 단백질은 비만세포(mast cell)가 히스타민이라는 유기분자를 분비하도록 하여 염증을 유도한다. 히스타민은 혈관을 확장시켜 백혈구들이 상처 난 부위로 잘 들어가게 한다.

　열은 바이러스나 박테리아에 감염되어 백혈구가 증식할 때 발생한다. 이런 세포 중 어떤 것은 인터루킨 단백질을 분비해 체온을 높게 유지한다. 체온이 높아지면 성장하는 데 필수적인 철 성분이 혈액 속에서 적어지므로 박테리아나 곰팡이의 증식이 저해된다. 또한 체온이 오를수록 식세포들이 더욱 활발하게 병원체를 공격한다.

바이러스를 특이하게 방어하는 선천성 면역반응에는 이중가닥 RNA(dsRNA)를 인식하고 이를 파괴하는 RNA 간섭(RNAi), 바이러스 RNA 및 단백질 합성을 막는 인터페론, 정상 세포의 표면에 있는 주조직적합성복합체(major histocompatibility complex, MHC)의 발현 수준이 낮아지면 세포를 파괴하는 자연살생세포 활성화 등이 포함된다.

적응 면역반응

T세포 활성화

적응 면역반응은 침입한 병원체나 분자의 구조를 인식하고 반응하는 면역반응으로, 세 번째 방어선이라 할 수 있다. 감염에 대응하는 최초의 세포는 수지상세포로서 이들 세포는 외부에서 들어온 물질이나 세포의 죽은 파편을 삼킨 다음 II형 주조직적합성복합체라는 단백질과 결합한 항원을 자신의 표면에 나타낸다. 마치 깃발처럼 항원을 제시하는 식세포는 림프절로 이동해 여러 림프구를 만나게 된다.

적응성 면역반응계에는 세포마다 특이한 한 종류의 수용체를 표현하는 B세포와 T세포가 모여 매우 다양한 종류의 항원 수용체를 갖춘 림프구 집단을 이룬다. 각 B세포 또는 T세포는 특정 항원에 대해 특이적이다. 즉 하나의 세포는 단지 한 종류의 항원 분자 구조만을 인식한다. 항원과의 특이적 결합은 세포막에 발현된 수천 개의 동일한 수용체 분자에 의해 이루어지는데, B세포에는 B세포 수용체 단백질이, T세포에는 T세포 수용체 단백질이 있다. CD4$^+$ T세포가 대식세포의 표면에 제시된 항원을 자신의 T세포 수용체 단백질로 인식하면 활성화되어 인터루킨이 분비되고 이것에 의해 부착된 T세포의 클론이 증폭된다. 이 클론들이 B세포의 활성화를 돕는 보조 T세포를 만든다.

B세포 활성화

B세포 수용체와 결합해 세포 내로 들어온 후 수지상세포와 같은 방식으로 B세포가 제시한 항원에 CD4$^+$ T세포가 결합하면, B세포를 활성화시키는 인터루킨이 분비되고 B세포의 증식이 유도되며, 동일한 B세포 수용체를 지닌 B세포 클론이 만들어진다. 이 클론 중 일부는 상대적으로 짧은 수명을 가진 형질세포로 분화되어 분화되기 전의 B세포가 가지고 있던 수용체 분자와 동일한 항체를 빠르게 분비한다. 다른 클론은 기억 B세포로 분화하는데, 이들은 수명이 길며 나중에 항원을 접했을 때 보다 신속한 반응을 일으킨다.

항원에 대해 선택된 B세포는 증식하고 그 결과 선택된 B세포와 유전적으로 동일한 클론을 생산하기 때문에 이러한 과정을 클론선택이라고 한다. 딸세포는 기억 B세포와 형질세포라는 두 가지 세포로 분화한다. 기억 B세포는 항체를 직접 분비하지는 않지만 항체 생산을 자극하는 침입자에 대한 미래의 면역반응에 중요한 역할을 한다. 형질세포는 항체를 합성해 혈류로 분비한다. 분비된 항체는 원래의 어버이 B세포 표면에 존재하는 항체와 동일한 항원 결합 부위를 갖는다.

항체의 작용

혈액 내 항체는 침입한 분자나 병원체와 세 가지 방식으로 싸운다. 첫째, 순환하는 항체는 외래 분자나 바이러스 또는 세포에 결합해 중화작용이라는 과정을 통해 그들을 무력하게 만든다. 이러한 바이러스 단백질에 항체가 결합해 중화되면 바이러스는 세포 내로 들어갈 수 없다. 둘째, 항체는 침입 분자나 바이러스 또는 세포 표면을 덮어 대식세포나 식세포들이 쉽게 파괴하도록 만든다. 셋째, 항체가 미생물 표면의 항원에 결합할 때, 항체는 혈액 내에 항상 존재하는 보체 단백질과 상호작용한다. 일부 보체 단백질은 미생물 세포막에 구멍을 뚫어 죽인다. 다른 보체 단백질들은 침입자에 대한 식세포 작용을 용이하게 한다.

항체는 쉽게 원형질막을 통과할 수 없는 커다란 단백질이기 때문에 주로 세포 바깥에서 효과를 나타낸다. 그러므로 항체에 의한 체액성반응은 일반적으로 혈액이나 림프 혹은 간질액(세포 바깥의 체액)

과 같이 세포 외부에 존재하는 병원체나 그들의 독소에 효과적이다. 병원체가 세포 안에 있을 때는 항체의 공격을 받지 않는다. 따라서 이 경우에는 세포성 면역반응이 작동해야 한다.

세포성 면역반응

세포성 면역반응은 바이러스에 감염된 체세포나 암세포를 공격하는 세포독성 T세포에 의해 수행된다. 체액성 면역반응에도 관여하는 보조 T세포는 세포성 면역반응에서는 세포독성 T세포를 활성화시키는 역할을 한다. II형 주조직적합성복합체 단백질이 체액성 면역반응에서 하는 역할과 비슷하게 I형 주조직적합성복합체 단백질은 세포성 면역반응을 일으킨다.

바이러스에 감염되었거나 암으로 바뀌는 세포의 경우 외래 또는 비정상 단백질이나 펩타이드 조각이 I형 주조직적합성복합체 분자와 결합한다. 그 결과 형성된 복합체는 세포독성 CD8$^+$ T세포의 수용체에 결합하여 이 T세포를 활성화시킨다. 이렇게 결합한 세포독성 T세포는 자기 것이 아닌 세포의 세포막에 구멍을 뚫을 수 있는 단백질을 분비한다. 구멍이 뚫리면 세포 내외로 이동하는 물질의 흐름이 달라져 자신의 것이 아닌 세포가 죽게 되는 것이다. 또 세포독성 T세포는 표면에 바이러스가 붙어 있는 자신의 세포에도 수용체를 이용해 결합한 후 세포를 파괴함으로써 바이러스가 침투해 감염이 확대되는 것을 막는다.

병원체가 더 이상 감염을 일으키지 않을 때에는 면역반응을 비활성화시켜야 하는데, 이는 매우 강력한 면역반응에 의해 건강한 조직이 손상당할 수도 있기 때문이다. 특별한 사이토카인의 조합에 의해 면역반응이 중단된다.

면역기억반응

적응 면역계는 수백만 가지의 해롭다고 생각되는 항원을 인식하고 반응한다. 어떻게 이런 놀라운 일이 일어날 수 있을까? 그것은 소비자가 기성복 매장에 걸린 옷을 고르는 상황을 생각하면 이해가 쉽다. 옷은 소비자의 특정 체형에 맞춤식으로 디자인된 것이라기보다 이미 다양하게 디자인된 것이다. 소비자는 진열된 그 옷들 가운데 몸에 맞는 옷을 골라 입게 된다. 이와 마찬가지로 침입한 항원은 이미 다양하게 합성되어 있는 항체와 T세포 수용체 중 우연히 짝이 맞는 것과 결합하게 되는 것이다.

세포는 수백만 종류가 넘는 B세포와 T세포를 갖고 있기 때문에 침입하는 대부분의 항원을 인식하고 결합할 수 있으며 적응 면역반응을 유발할 수 있게 된다. 다만 이런 침입자를 인식할 수 있는 면역세포의 수가 적어 침입자를 모두 죽일 수 없다는 단점이 있다. 기성복 매장에 같은 체형의 옷을 찾는 소비자가 많아지면 일시적으로 품절 현상이 일어나는 것과 같다. 따라서 면역반응이 잘 일어나기 위해서는 반응하는 세포가 클론선택을 통해 증식해야 하는데, 이 과정은 보통 1-2주가 걸린다. 이런 일이 일어나는 동안 면역반응에 필요한 세포들이 병원체보다 더 늦게 증식되면 환자는 중증의 질환을 앓거나 심지어 사망할 수도 있다.

일단 1차 면역반응이 일어나서 침입 병원체나 독소 분자들이 사라지게 되면 B세포나 T세포 클론들은 더 이상 증식하지 않고 체액에서 사라진다. 그리고 면역기억을 담당하는 기억 B세포와 기억 T세포는 오랫동안 불활성 상태로 남아 있게 된다.

동일한 항원이 다시 침입하면 2차 면역반응이 1차 면역반응보다 신속하게 일어난다. 이것은 클론선택 과정을 거치며 새로 만들어지는 B세포나 T세포가 아니라 이미 만들어진 기억 B세포와 기억 T세포가 면역반응을 매개하기 때문이다. 2차 면역반응에서는 1차 면역반응보다 소량의 항원으로 더 많은 항체가 생성될 수 있다.

백신

백신이 작용할 수 있는 것은 몸이 면역을 기억하기 때문이다. 백신의 유효성분인 항원은 접종자의 면역계가 병원체를 인식하도록 활성화한다. 항원을 처음 주입하면, 마치 병에 걸린 것처럼 항체생산 세포(B세포)와 기억세포의 생산이 촉진하는 1차 면역반응이 일어난다. 그런데 이 반응은 느리게 일어나고, 세포도 적게 생성된다. 그래서 기억세포가 제대로 분화하여 더 많은 항체생산 세포와 기억세포를 형성하도록 추가 접종을 하기도 한다.

백신 접종을 받은 사람이 항원을 가진 바이러스나 박테리아 또는 독소를 만나면, 1차 면역반응에서 이미 만들어진 항체로 이 위험한 침입자들을 빠르게 제거해 질병에 대한 심각한 증상을 피하게 된다. 또 매우 신속하고 강력한 2차 면역반응을 유도해 전염성 질환의 발생과 전파를 막는다. 백신에 의한 면역은 우리 몸이 스스로 면역반응을 일으켜 병원체를 퇴치하도록 하기 때문에 능동 면역반응이며, 일단 활성화되면 오랜 기간, 때로는 평생 지속되기도 한다.

어렸을 때라서 기억이 잘 나지 않을 수도 있겠지만 우리 대부분은 홍역, 소아마비, 디프테리아 같은 전염병에 대한 백신을 여러 차례 접종받았다. 백신은 1796년 영국인 의사 에드워드 제너(Edward Jenner)가 처음 개발했다. 당시에 천연두는 매년 네 사람당 한 사람꼴로 사람들의 목숨을 앗아가는 유행병이었다. 제너는 소의 젖을 짜는 여성들이 우두에 자주 걸리는 대신 천연두에는 거의 걸리지 않는다는 사실을 관찰하고 소량의 우두바이러스를 사람에게 주사해 천연두를 막고자 했다. 그래서 백신(vaccine)이라는 말은 '암소'를 뜻하는 라틴어 '배카'(vacca)에서 유래했다. 우두바이러스에 감염된 사람들은 약하게 우두를 앓는 대신 천연두에 면역을 갖게 된다. 최근에는 병원성을 약화시키거나 비활성화시킨 백신보다는 직접 항원을 합성하는 방법으로 백신을 개발하고 있다.

백신은 병을 일으키지는 않지만 병을 일으키는 생물체나 독소, 그리고 암세포에 대해 면역을 만들어낼 수 있는 물질이다. 폭넓게 말하면 이 물질을 갖는 비활성화되거나 약화된 병원체를 포함하기도 한다.

　백신은 인간에게 위험한 여러 감염성 질환을 막고 수많은 사람의 목숨을 살리는 데 공헌했다. 백신 접종으로 인해 영유아가 소아마비, 홍역, 백일해 같은 감염성 질환에 걸리거나 그로 인해 사망하는 비율이 상당히 줄어들었다. 그렇다고 해서 백신이 모든 질병을 막을 수 있는 것은 아니다. 예를 들어 독감 백신이 한 계절에만 효과를 나타내는 것은 독감바이러스가 매우 빠르게 돌연변이를 일으키기 때문이다. 인간면역결핍바이러스(human immunodeficiency virus, HIV)도 지금까지 학자들이 개발한 백신을 교묘히 피해갈 정도로 빠르게 변이한다. 흔한 감기 증상을 유발하는 서로 다른 많은 바이러스의 감염을 차단해줄 백신 개발도 불가능한 것 같다.

2장

멀고도 험한 길

기존의 백신

천연두 백신을 만든 에드워드 제너나 광견병 백신을 만든 루이 파스퇴르(Louis Pasteur)는 백신의 초창기를 대표하는 인물들이다. 이 시대에 사용된 백신들은 주로 병원체를 약화시키거나 죽인 백신이었다. 초창기의 백신 개발기에는 면역과 관련된 메커니즘은커녕 병원체의 정체에 대해서도 잘 알려지지 않았다. 그러나 약독화 생백신 또는 사백신을 사용해 천연두, 소아마비, 홍역, 볼거리, 풍진 등 전염병을 막아내는 데 성공했다.

약독화 생백신은 여전히 성장하고 복제할 수 있지만 질병을 유발하지는 않는 약화된 형태의 병원체를 사용한다. 약독화 생백신은 일반적으로 동물이나 세포주에서 대를 이은 배양(계대 배양)을 거쳐 개발된다. 만드는 방법이 잘 알려져 있고 B세포와 T세포가 포함된 강력한 면역반응을 일으킬 수 있다는 장점이 있다. 하지만 약독화 생백신은 제조할 때 바이러스를 먼저 증식시켜야 하기 때문에 과정이 복잡하고, 정제하기 어려우며, 예방 효과가 좀 떨어진다는 단점이 있다. 면역체계가 손상된 사람들에게는 부적합하고, 매우 드물지만 질병을 유발할 수 있다.

사백신은 바이러스를 수정란이나 배양세포에서 키운 다음 병원체를 열처리하거나 화학적으로 처리해서 만든다. 열이나 화학물질 또는 방사선으로 유전물질을 파괴해서 세포를 감염시키거나 복제할 수는 없지만, 여전히 면역반응을 유발할 수 있는 병원체를 사용한다. 비교적 제조가 간단하고 살아 있는 성분이 없기 때문에 질병을 유발할 위험이 없다. 면역계가 손상된 사람들에게 적합하며 약독화 생백신에 비해 비교적 안정적이라는 장점이 있다. 사백신의 경우 주로 항원 특이적 항체에 의존하는 체액성 면역반응에 의존하기 때문에 면역반응이 약해 추가로 접종을 받아야 한다. 사백신은 병원체의 표면 항원이 돌연변이하면 면역 활성이 떨어질 수 있다.

최근에는 생명공학의 발전을 통해 소단위체 및 펩티드에 기초한 백신이 개발되었다. 그러나 소단위 백신 및 펩티드 백신은 세포성 면역반응을 유도하는 효과는 떨어진다.

재조합 백신은 배양세포에서 항원 단백질을 합성한 다음 주입하는 백신이다. 안전성이 높고 보관이나 취급이 유리하다는 장점이 있다. 대표적 재조합 백신은 노바백스(NovaVax) 백신으로, 국내 제조업

체와 위탁생산 계약을 맺어 공급이 용이해질 것으로 기대된다. 재조
합 백신의 일종인 바이러스 유사입자 백신도 개발 중이다.

핵산 백신

핵산 백신은 병원체나 암의 항원 단백질을 넣는 대신 그것을 합성
하는 정보를 유전암호 형태로 넣는 백신을 말한다. 이런 핵산 백신
의 등장으로 백신의 개발 전략이 획기적으로 바뀌었다. 핵산에 기반
한 백신은 우선 기존의 백신보다 개발기간이 더 빠르다는 장점이 있
다. 코로나19의 경우와 같이 새롭게 출현하는 대부분의 전염병이 전
세계적 교통망을 통해 순식간에 대규모로 확산되는 추세를 볼 때,
접종할 백신을 빠른 시간 내에 많이 확보하는 것이 공중보건에서 무
엇보다 중요한 일이라고 할 수 있다. 핵산 백신은 생산 기간이 짧기
때문에 이러한 요구를 충족시킬 수 있다.

핵산 백신은 유전물질의 종류에 따라 DNA 백신과 mRNA 백신으
로 나눌 수 있는데, 체내로 들어간 DNA 백신은 mRNA로 전사되고,
이 mRNA를 주형으로 해서 단백질이 만들어진다. 반면에 체내로 들
어간 mRNA 백신은 바로 단백질로 번역될 수 있다. DNA 및 RNA 백
신의 작용 경로는 투여에서 발현까지 큰 차이를 나타낸다.

핵산 플랫폼은 내약성과 면역원성(면역반응을 일으키는 성질)이 뛰어
나 매력적이지만 DNA 백신은 임상시험에서 기대했던 성공을 거두

지 못했고 아직 승인된 백신도 없다. 바이러스 벡터 백신은 DNA 백신의 변형된 형태다. 다른 바이러스의 유전자 자리에 항원을 지시하는 유전자를 DNA의 형태로 대신 넣는 것인데, 가장 선호되는 바이러스는 일반적으로 경미한 감기 또는 독감과 유사한 증상을 유발하는 아데노바이러스다. 바이러스가 사람 세포를 감염시키면 DNA가 핵으로 전달되고 세포는 이 DNA를 사용해 항원 단백질을 생산한다. 옥스퍼드/아스트라제네카 백신, 존슨앤드존슨 백신과 스푸트니크V 백신이 여기에 속한다.

mRNA 백신은 병원체의 항원 단백질 대신 그 단백질을 만들도록 지시하는 유전정보를 mRNA의 형태로 넣는 백신을 말한다. mRNA 백신은 DNA에서부터 mRNA를 만드는 과정이 이미 세포 외부에서 진행되었기 때문에 세포질에 도착하자마자 단백질 번역 과정을 시작할 수 있다. mRNA 백신은 저온 수송이 필요하다는 단점이 있는 반면, DNA 백신과 비교할 때 유전물질이 핵으로 들어가지 않기 때문에 숙주의 유전체에 통합될 위험이 없고 질병의 원인 바이러스를 넣는 것이 아니기 때문에 안전하다는 장점이 있다. 또 유전암호만 바꾸어 쉽게 합성할 수 있기 때문에 병원체가 빨리 변이하는 위급한 상황에서 사용하기 유리하다. mRNA 백신을 제조할 때에는 세포가 필요 없기 때문에 공정이 더 간단하고 신속하다. mRNA 백신은 단백질이 만들어진 다음에 일어나는 변형 과정이 체내에서 일어날 수 있기 때문에 최종 단백질 산물이 고유한 당 부착기와 같은 구조적 특성을 갖는다. 그래서 단백질 소단위체나 펩티드를 직접 만들어 넣을 경우 나타날 수 있는 알레르기 반응이나 면역 능력의 저하를 사전에 차단할 수 있다.

이 백신이 세포 내에서 작용하도록 하기 위해서는 mRNA가 어떤 항원 단백질을 만들게 할 것인지 결정해야 하고, 거부 반응을 일으키지 않는 안전한 mRNA를 만들어 이를 인체에 넣는 방법을 먼저 고안해야 한다. 최초로 사용이 승인된 mRNA 백신은 우리가 모더나 백신, 화이자/바이오엔테크 백신 등으로 잘 알고 있는 코로나19 백신이다.

mRNA 백신의 장점과 문제점

이런 장점과 아울러 백신에 사용되는 mRNA는 그 자체로 면역반응을 일으킬 수 있고, 효소에 의해 분해되기 쉬우며, 노출된 mRNA(naked mRNA) 형태로는 세포로 거의 흡수되지 않는다는 문제점을 내포하고 있다.

mRNA가 그 자체로 면역반응을 일으키는 것은 단일가닥이나 이중가닥의 RNA가 세포 표면의 톨유사수용체 등 병원체 관련 패턴 인식 수용체에 의해 바이러스에서 유래하는 이물질로 감지되기 때문인데, 이는 인터페론의 발현을 유도하고, 염증 촉진 사이토카인을 분비하게 만든다. 만들어진 인터페론은 인터페론 자극 유전자를 활성화해 바이러스 방어 메커니즘을 작동시킨다. 이 활성화는 mRNA 백신에 대한 면역반응을 높이는 데 도움이 될 수 있지만, mRNA 번역을 즉시 억제해 항원 단백질의 합성을 억제한다.

진화과정에서 사람의 세포는 바이러스와 자신의 RNA를 구분하기 위해 염기의 일부를 변형시켰다. 이 선천성 면역반응을 없애려면 우리딘과 같은 염기의 일부를 사람의 세포에서 볼 수 있는 것처럼 변형된 1-메틸슈도우리딘(1-methylpseudouridine)으로 바꾸면 된다. 모더나 백신 및 화이자/바이오엔테크 백신은 이처럼 뉴클레오티드를 변형하여 mRNA 자체에 대한 면역반응이 일어나지 않도록 하는 방법을 사용하고 있다. 큐어백은 유전암호를 최적화하고, 서열 내에서 우리딘을 줄이기 위한 서열을 설계해 mRNA에 대한 면역반응을 우회하는 방법을 택한다. 톨유사수용체 중 톨유사수용체 7과 톨유사수용체 8이 주로 구아닌-우리딘이 풍부한 단일가닥 RNA 서열을 인식하기 때문이다.

mRNA 백신의 두 번째 문제점은 RNA 가수분해효소에 민감하여, 혈청 내에서 반감기가 5분이 채 되지 않을 정도로 빨리 분해되는 것이다. 이중가닥 RNA인 짧은간섭 RNA(small interfering RNA, siRNA)를 화학적으로 변형하면 안정성이 개선되고 면역반응이 잘 일어나지 않는다는 사례가 보고되었지만, 현재까지 mRNA에서 그런 시도가 성공했다는 사례는 보고되지 않았다. 이 이유는 번역 기구가 이러한 변형에 민감하기 때문인 것 같다. mRNA에 대한 세 번째 문제점은 미성숙한 수지상세포를 제외하고 대부분의 세포가 노출된 mRNA를 흡수하지 않는다는 점이다. 이 마지막 두 가지 문제점은 예를 들어 지질 나노 입자처럼 효소 공격으로부터 mRNA를 보호하고 세포 흡수를 촉진할 수 있는 전달 시스템에 뉴클레오티드를 변형하거나 서열을 가공한 mRNA를 넣으면 해결될 수 있다. 지질 나노 입자에 넣은 mRNA는 노출된 mRNA에 비해 최대 1000배까지 발현이 향상된다.

mRNA 백신 개발의 여정

mRNA 코로나19 백신은 하루아침에 만들어지지 않았다. 신종 코로나바이러스에 맞서기 위해서는 mRNA 백신의 여러 문제점이 해결되어야만 했고, 이것이 한 사람의 연구자 또는 한 연구팀에 의해 단번에 해결되었을 리 만무하다. 특히 최근 코로나19 확산세로 이 백신의 효능이 크게 부각되자 언론들은 코로나19 mRNA 백신이 얼마나 빨리 개발되었는지에 주로 초점을 맞추어 보도했다. 하지만 과학계에서 '하룻밤 자고 나니 유명해졌다'라는 식의 성공은 드물다. 실제로 이 백신은 mRNA에 대한 기초 연구, 질병과 면역을 둘러싼 세포학, 분자생물학, 생리학적 연구, 이런 기초 연구의 결과를 임상에 응용하는 연구 등 수십 년 동안 세계 여러 곳의 수많은 연구자가 헌신적으로 쌓아 올린 과학적 성과가 집약된 결과물이다.

과학계에서 모든 놀라운 연구, 모든 실패한 실험, 모든 출판된 논문은 위대한 진전을 위한 작은 발걸음이다. mRNA 백신의 경우에도 연구들은 수십 년 동안 작은 발자국으로 이어져왔다.

세 가지 혁신

이번 코로나19 mRNA 백신 개발에는 적어도 다음과 같은 세 줄기의 혁신이 크게 기여했다. 첫째, mRNA가 인체의 선천적 면역계의 공격을 받지 않고 항원을 생산할 수 있도록 한 mRNA 변형, 둘째, 항원으로서의 스파이크 단백질의 구조 안정화, 셋째, mRNA 백신의 세포 내 전달을 위해 포장하는 지질 나노 입자의 개발이 그것이다.

첫 번째 혁신은 주로 1990년대 이후 펜실베이니아 대학교의 연구자였던 카탈린 카리코 박사에 의해 주도되었고, 이후 드류 와이즈먼(Drew Weissman)과의 공동 연구를 통해 이루어졌다. 2005년 이들은 바이러스의 mRNA를 인간의 것과 보다 가깝게 만듦으로써 세포의 선천 면역계를 우회할 뉴클레오티드 변형 mRNA 백신을 만드는 법을 고안했다.

두 번째 혁신은 주로 미국국립보건원의 키즈메키아 코벳 박사에 의해 이루어졌다. 코벳은 스크립스 연구소의 앤드류 워드(Andrew Ward), 다트머스 대학교의 제이슨 맥렐란(Jason McLellan)과 함께 코로나바이러스에서 이 특징적인 '스파이크 단백질'의 구조 변형이 항체 반응을 결정적으로 좌우한다는 사실을 알아냈다. 이 결과를 바탕으로 미국국립보건원과 모더나는 mRNA 백신 개발에 협력하게 되었다.

세 번째 혁신은 누구에 의해 주도되었는지는 분명하지 않지만 주로 브리티시컬럼비아 대학교의 피터 쿨리스(Pieter Cullis) 교수가 많은 기여를 한 것으로 알려져 있다. 1980년대에 그는 지질의 기초 연구를 통해 지질의 작용 방식을 밝혔다. 1995년에는 특히 RNA와 같은 핵산을 사용하는 유전자 치료제를 의학에 사용하기 위해 지질 나노 입자를 사용하는 연구에 몰두했다. 지질 나노 입자는 약품 주위에 보호 버블을 만들어 안전하고 효율적으로 전달되도록 할 수 있다. 피터 쿨리스 교수와 그의 연구팀은 드류 와이즈먼 박사와 카탈린 카리코 박사와 함께 지질 나노 입자에 mRNA를 넣는 백신을 공동 연구하기 시작했다. 이들은 또 화이자와 바이오엔테크와도 협력했다.

2019년 말 중국 우한에서 새로운 전염병이 돌고 있다는 사실이 세계보건기구를 통해 알려졌고, 2020년 1월에는 중국의 과학자들이 신종 코로나바이러스(SARS-CoV-2)의 완벽한 유전자 서열을 밝혀 세계 전역의 과학자들이 이를 공유하게 되었다.

2020년 1월 이후 원래 메르스(MERS, Middle East respiratory syndrome, 중동호흡기증후군) 코로나바이러스(MERS-CoV)에 초점을 두고 미국국립보건원 백신연구센터의 바니 그레이엄(Barney S. Graham)의 지도를 받던 코벳 박사의 연구팀과 모더나는 mRNA를 사용하는 코로나19 백신을 개발하기 위해 신속하게 움직였다. 지카바이러스와 독감바이러스에 초점을 두고 연구해오던 와이즈먼, 카리코, 쿨리스 박사는 다른 프로젝트를 중단하고 신종 코로나바이러스 백신을 개발하기 위해 전력을 다했다.

과학자들은 이미 수십 년 동안 진행된 기초 및 응용 연구를 바탕으로 융합 이전의 형태를 유지할 수 있도록 한 스파이크 단백질의 유전정보 중 우리딘 염기를 1-메틸슈도우리딘으로 변형하여 세포의 면역계를 회피하는 mRNA를 지질 나노 입자에 넣어 최단기간 내에 임상시험을 거쳐 사람들에게 접종할 수 있는 백신을 개발했다.

유·무명의 과학자들

이번 코로나19 백신의 개발에는 여성과 이민자, 아프리카계 미국인 등 과학계 내 소수자들의 활약이 매우 컸다. 우선 코로나바이러스를 최초로 관찰한 과학자 준 알메이다(June Almeida, 1930-2007) 이야기부터 해야겠다.

코로나바이러스를 처음 관찰한 사람이 정규 과학 교육을 받지 않은 미혼모라는 사실은 믿기 어렵다. 스코틀랜드의 과학자 준 알메이다가 바로 그 사람이다. 준 알메이다는 학창 시절 과학상을 받을 정도로 우수했지만 스코틀랜드 노동자 계급이었던 집안 형편 때문에 대학에 진학하지 못했다. 그리고 열여섯 살의 나이로 글래스고 왕립진료소의 조직병리학교실 신입 실험실 조수로 들어가 현미경 조직검사법을 배우게 된다. 이후 런던의 세인트 바르톨로메오 병원에서 실험실 조수로 일하다가 캐나다로 건너가 토론토의 온타리오 암 연구소에서 전자현미경 조수로 일했다.

런던보다는 학력 차별이 심하지 않은 캐나다에서 알메이다는 독자적으로 연구논문을 출판할 수 있었다. 1964년에는 세인트 토마스 병원의 초청을 받아 다시 런던으로 돌아왔고, 1967년부터는 해머스미스 의과대학 대학원의 바이러스학교실 연구원으로 있었다. 1970

년에는 해머스미스 의과대학 대학원의 전임강사가 되었고, 1971년에는 그동안 발표한 논문을 바탕으로 박사학위를 받았다. 준 알메이다는 항체를 이용해 바이러스를 쉽게 관찰할 수 있는 '면역 전자현미경법'을 개발한 공로를 인정받고 있다.

2020년 초 알메이다는 코로나19 팬데믹을 맞아 전 세계적으로 다시 주목을 받았다. 알메이다는 1966년 전자현미경을 사용해 감기와 비슷한 증상을 일으키는 코로나바이러스를 최초로 발견하고 명명한 적이 있었다. 이 발견은 그녀의 경력이나 삶에서 특이한 것이었다기보다 풍진바이러스나 B형간염바이러스 구조를 밝혔던 것처럼 일상적인 일에 지나지 않았다. 그러나 이 발견이 없었다면 그녀의 삶은 지금처럼 여러 사람의 관심을 끌지 못했을 것이다.

2020년 10월 〈어드밴스드사이언스뉴스〉는 과학을 개척한 이달의 인물로 준 알메이다를 선정하며 다음과 같이 생각할 거리를 던졌다.

이것은 전문 과학자의 일반적인 전기가 아니기에 몇 가지 흥미로운 질문을 제기한다. 알메이다의 전기는 그녀가 근면하고 결단력 있고 통찰력 있는 성격임을 보여준다. 1930년대 영국에서는 이것만으로는 대학에서 자리를 잡을 수 없었다. 알메이다는 정식 학사 자격이 없었기 때문에 모국에서는 일을 계속할 수 없었고 해외로 이주해야 했다. 20세기 중반 영국의 문화 구조는 그녀의 경력 전망을 심각하게 제한했다. 이것은 여전히 오늘날 우리 사회에 팽배해 있는 문제다. 학계의 전통적인 구조 때문에 여성이나 가난한 배경을 가진 사람들, 또는 소수자들이 경력을 쌓기 어렵다는 사실이 거듭 밝혀지고 있다. 이것은 얼마나 많은 준 알메이다가 현미경 일자리를 새로 얻지 못하고 좌절했을까라는 질문을 던진다.

이런 결과를 만들어내는 문화 구조는 목적에 부합하지 않다. 우리 사회가 알메이다와 같은 재능 있는 사람들에게 학계에 기여할 수 있는 기회를 충분히 주어야 한다고 믿는다면, 학문 문화의 뒤틀린 구조를 가시화할 책임은 우리에게 있다. 이 문화에 대한 정확한 그림을 제시해야만 이에 대한 백신 개발을 시작할 수 있다.

자신의 한계에도 불구하고 은퇴할 때까지 103편의 과학 논문을 저술했으며, 코로나바이러스를 처음으로 관찰한 준 알메이다는 진정한 과학자라 불릴 만하다.

코로나19 백신을 만드는 원천기술을 개발하는 데에는 카탈린 카리코와 키즈메키아 코벳의 공이 컸다. 펜실베이니아 대학교 의과대학의 겸임 부교수이자 바이오엔테크의 수석부사장인 카탈린 카리코는 헝가리 출신 미국 이민자다. 카리코는 mRNA의 뉴클레오티드를 인체에 무해하도록 변형시켜 항원 단백질을 만들게 하는 백신 원천기술을 개발해 모더나 백신과 화이자/바이온테크 백신을 생산하도록 하는 데 기여했다(이 책 3-5장을 참조하라).

미국국립보건원의 연구원이었던 아프리카계 미국인 키즈메키아 코벳은 최단기간 내에 백신 후보를 만들고 임상시험에 진입하게 하는 데 있어 중요한 역할을 했다. 특히 코벳 박사는 코로나바이러스에서 사람의 수용체와 융합하기 이전의 스파이크 단백질의 구조를 밝히고 이를 안정화하는 변이를 도입해 효율적인 백신을 만드는 데 기여했다. 백신 회의론자와 소외계층에게 백신 접종의 중요성을 강조하는 일에도 열성적인 코벳 박사는 최근 하버드 대학교 보건대학으로 자리를 옮겼다(5장, 7장을 참조하라).

또 카이저 퍼머넌트 워싱턴 보건연구소의 선임연구원 리사 잭슨(Lisa Jackson) 박사는 백신 개발의 마지막 연결 고리인 임상시험을 총지휘했다. 특히 시애틀에서 최초의 코로나19 백신인 모더나 백신의 1상 임상시험을 감독했고 모더나와 존슨앤드존슨 백신의 3상 임상시험에도 참여했다.

백신을 실제로 제조한 사람들의 공헌도 작지 않다.

동독 이민자 출신인 화이자 백신 제조 개발 책임자 카트린 얀센(Kathrin Jansen)은 이번 팬데믹 동안 보통 10~15년이 걸리는 백신을 몇 달 안에 만들기 위해 700여 명의 연구팀이 참여하는 프로젝트를 총지휘했다. 과거 백신 개발의 초기 시대에는 남성 과학자들이 지배적이었지만 이제는 여성 과학자들이 코로나19 팬데믹을 종식시킬 수 있는 백신 개발의 최전선에 서 있다.

백신 제조를 뒷받침한 회사의 최고경영자들도 대부분 이민자 출신이다. 프랑스 태생의 모더나 최고경영자 스테판 방셀(Stéphane Bancel)은 미국에 유학생으로 왔다가 나중에 아예 미국에 정착했다. 모더나를 공동 설립한 데릭 로시(Derrick Rossi)는 캐나다에서 태어나 미국에서 취업비자(H-1B) 신분을 얻었다. 모더나에서 임상 개발을 담당하고 있는 최고의료책임자 탈 잭스(Tal Zaks)는 이스라엘에서 취업비자로 미국에 입국했다. 모더나의 최고기술책임자 마르첼로 다미아니(Marcello Damiani)는 프랑스에서, 최고기술운영 및 품질책임자 후

안 안드레스(Juan Andres)는 스페인에서 이주했다. 모더나의 회장이자 공동 설립자 누바 아페얀(Noubar Afeyan)은 레바논에서 아르메니아인 부모에게서 태어나 10대 초반에 가족과 함께 캐나다로 이민했다가 매사추세츠 공과대학에서 생화학 공학으로 박사학위를 취득한 후 미국으로 이민했다.

우우르 샤힌(Ugur Sahin)은 아내 외즐렘 튀레지(Özlem Türeci)와 함께 바이오엔테크를 설립했다. 샤힌 박사는 어린 시절 터키에서 독일로 이민을 왔으며, 튀레지 박사의 부모는 독일로 이민한 터키인이다. 바이오엔테크는 유명한 제약회사인 화이자와 손을 잡았는데, 화이자의 최고경영자 알버트 불라(Albert Bourla) 역시 그리스에서 미국으로 이민을 왔다.

백신 개발을 간접적으로 뒷받침한 사람 중에도 이민자가 있다. 모로코 태생의 이민자 몬세프 슬로위(Moncef Slaoui)는 백신 개발을 지원하기 위한 트럼프 행정부의 정책인 초고속작전(Operation Warp Speed)의 수석 고문이었다. 이 작전은 모더나 백신 제품의 물류를 도왔다.

도널드 트럼프 전 미국 대통령은 재임하는 4년 동안 거의 모든 취업 이민자, H-1B 및 L-1 비자 소지자의 미국 입국을 금지하는 선언문을 발표했다. 그의 행정부는 기술 취업 비자를 대부분 거부했고, 유학생에 대해 새로운 제한을 도입했으며, 외국 출신 기업가의 창업 이민을 금지하려 했고, 기존의 고용인들과 외국 출신 대학원생이 미국에서 일하는 것을 사실상 어렵게 하는 H-1B 비자에 대한 규정을 발표했다. 도널드 트럼프는 스스로를 백신 개발의 공로자라고 추켜세웠지만, 객관적으로 기록을 검토해보면 미국의 것을 훔치고 있다고 그가 비난했던 이민자들이 백신 개발에 있어 결정적 역할을 했다는 것을 알 수 있다.

물론 이들 소수파 과학자들만이 mRNA 백신을 개발하는 데 기여했다는 말은 아니다. 다만 성별이나 국적 또는 출신과 상관없이 과학자들이 생산한 연구 결과가 결국 많은 사람의 생명을 구하는 기여를 했다는 사실로부터 과학 활동이 차별 없이 민주적으로 이루어질 때 최대한으로 기여할 수 있다는 것을 사람들이 깨닫는 것이 중요하다는 것이다. 이 점을 많은 사람들이 깨닫는다면 결국 과학은 사회의 발전에도 긍정적으로 기여하게 될 것이다.

우리는 코로나19 팬데믹 속에서 성실하게 진리를 추구하고 인류를 위해 지식을 공유하려는 모범적인 과학자의 모습을 다시 한번 확인할 수 있다. 이런 모습은 한때 불신의 대상이었던 과학과 과학자의 상을 변모시키고 이상적 사회를 지향하려는 노력으로서의 과학을 새롭게 바라보게 해준다.

3장

카탈린 카리코: mRNA의 꿈

신념으로 이룬 꿈

한 사람의 위인에 의해 과학적 업적이 이루어지는 경우는 드물다. 하지만 카탈린 카리코는 그 위업을 달성한 예외적 인물로 칭송받아 마땅하다. 오늘날 우리가 코로나19 백신을 접종받게 된 것은 상당 부분 그녀의 집념 덕분이다. 모두가 mRNA를 사용해서는 치료제를 만들 수 없다고 주장하며 외면했을 때에도 카리코는 온갖 역경을 무릅쓰며 40여 년 동안 mRNA가 인간에게 질병과 싸우는 해법을 제공할 수 있다는 자신의 신념을 포기하지 않았다.

"신념은 인간을 최고의 경지에 이르게 한다"는 오노레 드 발자크(Honoré de Balzac)의 말처럼, 카리코는 마침내 2005년, 신체의 자연 방어를 우회하게끔 mRNA를 합성하는 방법을 찾아냈다. 이 발견으로 사람에게 사용할 세계 최초의 mRNA 백신이 등장하게 되었고, 이 mRNA 백신 플랫폼에 의존하고 있는 화이자/바이오엔테크와 모더나의 코로나19 백신은 많은 사람의 생명을 구하고 있다.

하버드 의과대학 교수이자 생명공학회사 모더나의 창립자인 데릭 로시는 〈스타트〉(*STAT*)와 〈보스턴글로브〉와의 인터뷰에서 "누군가 나에게 언젠가 노벨상을 받을 만한 사람을 꼽으라면 카탈린 카리코를 최우선으로 거명할 것"이라며 "그 근본적인 발견으로 세계를 구한 의약품이 등장했다"라고 극찬했다. 스웨덴 카롤린스카연구소의 심혈관 생물학자이자 모더나의 공동 설립자 케네스 치엔(Kenneth R. Chien)도 "모더나를 포함한 모든 mRNA 회사는 카탈린 카리코와 드류 와이즈먼의 원천기술 덕분에 존재할 수 있었다. 그 발견이 없었더라면 팬데믹에 맞설 mRNA 백신이 개발되지 않았을 것이기 때문에 그들은 최고의 영예를 차지할 자격이 있다"라고 동의했다. 《이기적 유전자》라는 책으로 유명한 리처드 도킨스(Richard Dawkins)도 2020년 12월 27일 자신의 트윗을 통해 "이 여성에게 노벨상을 줘야 한다"고 강조했다.

이처럼 많은 사람이 노벨상 수상자로 거명하는 데 대해 〈스타트〉의 기자가 감회를 물었을 때 카탈린 카리코는 사려 깊게 다음과 같이 대답했다.

> 지난 40년을 돌아보면, 나는 R01보조금(미국국립보건원이 연구자에게 주는 기초 연구비)조차 받을 수 없었다. 그래서 단 한 곳에서만 보

조금을 받아도 여한이 없을 것 같다. 나는 노벨상이 나를 변화시킬 수 있다고 생각하거나 그런 종류의 상을 기대해본 적도 없다. 무척 많은 과학자들이 백신 개발에 기여했음을 알고 있다. 또 그에 앞서 과학자뿐만 아니라 기술 개발에 임했던 사람들과 과학뿐만이 아니라 서열을 알려주고 합성해준 회사 등이 서로 협력해 모든 일이 이루어졌다는 것을 인정해야 한다. 오랫동안 나와 같은 많은 과학자들은 아무도 그들에 대해 알지 못했다. 나는 그들 모두를 대표해야 한다.

헝가리에서의 학창 시절

mRNA로 치료제를 만들겠다는 야무진 꿈은 헝가리에서 대학을 다니던 때부터 카탈린 카리코가 품어온 것이었다. 1955년에 태어난 카탈린 카리코는 헝가리 솔노크에서 태어나 키셰즈살라스(Kisú-jszállás)에서 자랐다. 키셰즈살라스는 인구가 1만 명 정도밖에 안 되는, 수도도 전기도 제대로 들어오지 않는 궁벽한 마을이었다. 생활이 풍족하지는 않았지만 크게 불편함을 느끼며 살지는 않았다. 그녀의 아버지는 푸주한이었고, 어머니는 회계원이었다. 어렸을 때 아버지가 돼지를 잡으면 동생은 질색하며 도망간 데 비해 카탈린은 주의 깊게 심장과 내장을 관찰했다. 그게 아마 카리코가 어렸을 때부터 생물학에 깊은 관심을 갖게 된 계기였던 것 같다. 그리고 모릭츠 지

그몬드 레포르마투스 김나지움(Móricz Zsigmond Református Gimnázium)에 다니는 동안 좋은 선생님들이 그녀를 과학의 길로 인도했다.

세게드 대학교에서 보낸 5년은 카리코의 인생에서 가장 행복한 해였다. 열심히 공부했고, 이른 아침부터 늦은 저녁까지 강의와 실습에 참여했으며, 여름에는 견학을 다녔다. 가장 기억에 남는 강사는 유전학을 가르친 라즐로 오로츠(László Orosz), 유기화학을 가르친 가보르 베르나스(Gábor Bernáth), 수학을 가르친 임레 파보(Imre Pávó), 미생물학을 가르친 러요시 페렌치(Lajos Ferenczy)였다. 세게드 대학교의 기숙사는 사교적인 활동이 매우 왕성했는데, 카리코는 한가한 시간이면 디스코를 즐겼다.

카탈린 카리코는 학부 시절부터 뛰어난 학생이었다. 1977년도의 세게드 대학 학보(Szegedi Egyetem)를 살펴보면 카탈린 카리코가 그 당시 학업 성적이 우수한 사람에게 매월 1000포린트(HUF)를 지급하는 가장 영예로운 헝가리 국가장학금을 받았다는 것을 알 수 있다. 현재 세게드 대학 생물학연구센터 소장인 생물학과의 너지 페렌츠(Nagy Ferenc)와 헝가리아카데미 의장인 물리학과의 요제프 팔린카스(József Pálinkás)도 이 장학금을 받았다. 과학부 장관과 교육부 장관도 이 장학생 출신이다. 카탈린 카리코는 또 전국 생물학경시대회에서 3위를 차지하기도 했다.

학부 시절 카리코가 세게드 생물학연구센터의 티보르 파르카스(Tibor Farkas)에게 여름방학을 실험실에서 보내고 싶다고 했을 때, 그는 "앞으로 평생을 실험실에서 보낼 수 있으니까 잊어버려. 그래도 정 하고 싶다면 나와 함께 수산연구소에 가서 연구해보는 게 좋겠

군"이라고 말했다. 카탈린 카리코는 한여름 내내 양식 어류에서 샘플을 수집하고, 지질 함량을 분석하고, 온도에 따라 서로 다른 어류의 지방산 조성이 어떻게 변화하는지를 분석했다.

여름이 끝났을 때 카리코는 세게드의 생물학연구센터로 돌아가 다시 연구를 시작했다. 동료인 에르뇌 두다(Erno Duda)와 에바 콘도라시(Eva Kondorasi)는 리포솜을 만들고 싶었기 때문에 인지질의 일종인 포스파티딜세린을 구해달라고 파르카스 교수에게 요청한 상태였다. 카리코는 리포솜을 만들고 그 안에 DNA를 넣어 세포에 전달하는 것이 재미있을 것 같아서 자신도 그 연구팀에 합류하고 싶다고 했다. 그 때는 1970년대였고, 상업적으로 포스파티딜세린을 구할 수 없었다. 에르뇌가 도축장에 가서 크고 차가운 뇌를 모아 오면 나머지 연구원들이 일주일 내내 여러 성분을 나누어 추출했다. 마지막 날 마침내 포스파티딜세린과 포스파티딜에탄올아민 성분을 얻을 수 있었고, 함께 소위 필름 방법을 사용해 리포솜을 만들고 플라스미드를 넣어 포유류 세포로 전달했다. 그리고 플라스미드 DNA를 발현시켜 단백질을 만들었고, 그 사실을 논문으로 발표할 수 있었다. 카리코는 학부생으로 연구원으로서의 첫발을 내디뎠다는 뿌듯함을 느꼈다.

mRNA 연구에 뜻을 두다

1961년에 mRNA의 존재가 처음 발견되었고, 핵 DNA의 유전정보를 세포질에서 만들어지는 단백질로 전달하는 역할을 한다는 사실이 밝혀졌다. 1970년대에 이르자 mRNA가 자연적으로 기능하는데 필요한 기본적인 세부 사항을 이해하면 이것을 의학적으로 활용할 수 있지 않을까 하는 기대감이 커졌다. 그러나 그 당시에는 오늘날 우리가 사용하는 RNA 중합효소(DNA를 주형으로 해서 RNA를 합성하는 효소)를 아직 사용할 수 없었기 때문에 mRNA를 만들 수 없었다. 그리고 설령 그것을 만드는 방법을 알아냈다고 하더라도 과학자들은 세포 내에서 mRNA가 어떤 작용을 할 정도로 충분히 오래 남아 있을 수 없다고 생각한 것 같다. 실제로 RNA로 노벨상을 받은 과학자들도 RNA가 의약품이 될 것이라는 점을 생각하지 못했다고 실토할 정도였다.

1976년 당시 스물두 살이던 카탈린 카리코는 mRNA에 대한 이야기를 듣자마자 '오, 이건 좀 멋진 분자인걸' 하며 감탄했다. 카리코는 mRNA가 세포에게 무엇을 하라고 지시를 내린다는 사실로부터 이 분자가 무한한 잠재력을 가졌다는 것을 직감했다. mRNA를 조정할 수 있다면 우리가 원하는 새로운 지시를 세포에게 내릴 수 있다고 생각했다. 그 메시지를 바꿀 수 있다면 우리가 원하는 무엇이든지 세포더러 만들게 할 수 있다. 예를 들면, 당뇨병을 가진 사람을 위해 세포가 인슐린을 만들게 할 수 있다. 인슐린을 만들라는 지시를 내리면 세포는 영구히는 아니겠지만 즉시 인슐린을 만들 수 있다. 그렇다면 누구도 해보지 못했던 방식으로 세포를 통제할 수 있게 되는 것이다.

만약 단백질 백신을 암호화하는 mRNA를 인간 세포에 전달할 수 있다면 그 세포는 작은 백신 공장이 될 것이다. 그러면 면역계는 해당 단백질을 방어할 수 있는 능력을 갖게 되고 실제로 전염병이 발생했을 때 이 단백질을 인식하고 파괴할 수 있지 않을까. 어렴풋하지만 이런 기본적인 아이디어를 갖게 되었다.

뉴클레오티드 화학 실험실

1978년, 카리코는 이 아이디어를 품고 헝가리 과학아카데미의 장학생으로 대학원 과정을 시작했다. 생물물리학 연구소의 뉴클레오티드 화학 실험실에서 유기화학자인 예뇌 토마즈(Jenö Tomasz)의 지도 아래 맞춤형 합성 RNA의 항바이러스 효과를 시험하게 되었다. 첫날 연구소에 들어섰을 때 모두가 g, p, p, p, g와 같은 이상한 주문을 외우는 것 같았는데, 처음에는 그게 무슨 말인지 몰라 카리코는 무척 당황했다. 토마즈가 캡(cap) 유사체인 7GpppGmpC를 합성해 아론 샤트킨(Aaron Shatkin)과 후루이치 야스히로(Yasuhiro Furuichi) 등에게 보냈고, mRNA가 캡을 가졌다는 사실을 함께 밝히는 데 공헌했다는 것을 후에 알게 되었다.

그 당시에는 3-4개의 뉴클레오티드로 이루어진 짧은 RNA 단편

만을 합성할 수 있었기 때문에 토마즈는 이 분자들을 이용해 항바이러스 활성을 시험하고 싶어했다. 카리코는 올리고아데닐레이트를 만들어야 했다. 일반적으로 RNA는 뉴클레오티드라는 각 단위가 3´-5´로 연결되어 있지만 이 분자들은 2´-5´로 연결되어 있는 매우 흥미로운 작은 분자였으며 보통 서너 개의 뉴클레오티드 단위로 이루어졌다. 이 분자들이 그 당시에 흥미를 끈 이유는 바로 앞선 해인 1977년에 이안 커(Ian Kerr)가 이 분자들이 인터페론의 항바이러스 효과에 가장 큰 영향을 미친다는 사실을 발견했기 때문이다.

인터페론이 유도하는 올리고아데닐레이트 합성효소가 이중가닥 RNA에 의해 활성화되면 ATP(adenosine triphosphate, 아데노신 삼인산)를 중합해 2´-5´ 올리코뉴클레오티드를 만드는데, 이것이 단량체인 잠복성 RNA 가수분해효소(RNase L)와 결합하여 이량체 활성화를 만들게 되면 단일가닥 RNA를 절단할 수 있게 된다.

키노인(Chinoin)이라는 헝가리 제약회사가 이 분자들에 관심을 가졌다. 키노인 사는 이 분자들을 항바이러스 화합물로 개발하기 위해 연구팀에게 연구비를 지급했다. 하지만 오늘날과 마찬가지로 70년대에도 그 액수가 그다지 크지 않은 연구비였다. 그런데 효소를 사용해 이 분자들을 만들기는 쉬웠지만 화학적으로 합성하기는 상당히 까다로웠다. 또 한 가지 문제는 이 분자들이 인산가수분해효소에 의해 쉽게 분해된다는 것이었다. 그래서 연구팀은 여기에 긴 열 개의 분자를 추가해도 이 분자가 여전히 작동하고 잠복성 RNA 가수분해효소를 활성화할 수 있다는 사실을 밝혔다. 아울러 많은 시험관 내 분석도 수행했다. 문제는 이 분자를 세포에 전달하는 방법이 마땅치 않았다는 점이었다. 그래서 세포로 전달할 수 없는 분자들로 무엇을 할 수 있을지 골몰했는데, 키노인 사는 별 관심을 보이지 않았고 그래서 연구비는 중단되었다.

생물물리학 연구소의 뉴클레오티드 화학 실험실은 카리코가 오랫동안 연구하고 싶어했던 곳이었지만 재정적 뒷받침이 부족했고 결국 카리코는 일자리를 잃었다. 주위를 둘러보았지만 헝가리에서 할 수 있는 일은 별로 없었다. 카리코에게 세게드는 아름다운 추억이 많은 곳이었다. 행복한 대학 시절을 보내던 1977년에 남편 벨라 프란시아(Béla Francia)를 만나 세게드 의회 건물에서 결혼했고, 딸 츠치(Zsuzsi)도 태어나 세게드의 보육원에 다녔다. 나중에는 세게드의 마코샤자 지구 타잔(Tarján)에 살았다. 카리코는 자신의 꿈을 좇아 과학자로서의 삶을 살기 위해 추억이 깃든 세게드와 헝가리를 떠나 새로운 활로를 찾아야 한다는 매우 가슴 아픈 결단을 내리지 않을 수 없었다.

4장

카탈린 카리코: 도전과 역경

기회의 땅으로

카탈린 카리코는 대서양을 건너 미국에서 자리를 구해야 했다. 카리코가 서른 살을 맞이한 1985년, 템플 대학교 생화학과의 로버트 수하돌니크(Robert J. Suhadolnik) 교수가 카리코를 초대했다. 카리코는 엔지니어였던 남편과 어린 두 딸과 함께 새로운 땅에서 기회를 찾기로 했다. 동서 간 냉전의 벽은 아직 무너지지 않은 상태였고, 그 당시 공산국가였던 헝가리에서 공식적으로 환전할 수 있는 돈은 100달러에 불과했다. 카리코는 가족들이 쓰던 차를 암시장에 팔아 어렵사리 900파운드를 마련했다. 그리고 딸의 테디베어 인형 속에 바느질해서 그 돈을 숨겼다. 어쨌든 이 돈으로 낯선 나라에서 당분간 버텨야 했기 때문에 카리코는 미국에 입국하는 내내 테디베어 인형 생각뿐이었다.

카리코의 당시 연봉은 1만 7000달러였다. 온 식구가 굶지는 않고 살 수 있을 정도의 연봉이었지만, 박사후 연구원으로서는 그리 높지 않은 수준이었다. 그러나 그녀는 개의치 않았다. 자신이 할 수 있는 연구를 마음껏 할 수 있는 기회를 잡은 것에 마냥 행복했다. 그래서 앞으로 어떤 미래가 기다리고 있을지 상상도 하지 못한 채 필라델피아에 도착하자마자 다음날부터 실험실로 출근했다.

카리코를 박사후 연구원으로 고용한 수하돌니크 교수는 뉴클레오티드 항생제 전문가로, 그것에 대한 교과서도 쓴 사람이었다. 그는 박테리아에서 분리한 디옥시포르마이신이라는 분자를 주로 연구했고 또 곤충을 매우 특이적으로 감염시킬 수 있는 곰팡이인 동충하초에서 분리한 코르디세핀도 함께 다루고 있었다. 수하돌니크는 또 박테리아(*Streptoverticillium ladakanus*)에서 슈도우리딘을 신생합성(de novo synthesis)할 수 있다는 사실을 발견한 것으로 유명했다.

하지만 카리코가 연구를 시작했을 때 수하돌니크가 제시한 주제는 이것이 아니었다. 그는 카리코가 헝가리에서 연구했던 2'-5' 올리고아데닐레이트라는 분자에도 관심이 있었다. 카리코는 이 분자들을 합성하고 추가적으로 변형한 다음 항바이러스 능력을 평가해야 했다. 뉴클레오티드를 서로 연결하고, 분자를 더 안정시키기 위해 포스포로티오에이트 유사체를 만들었고, 또 아예 아지도 유도체를 도입해 염기 자체를 변경하고 이 분자들이 RNA 가수분해효소에 미치는 영향을 조사했다. 당도 바꾸었다. 이미 연구실에는 코르디세핀

이 있었기 때문에 3´의 수산기를 제거해 2´-5´ 분자를 만들기가 쉬웠다. 독일의 볼프강 플라이더러(Wolfgang Pfleiderer)의 연구팀에서는 화학적 방법을 사용했는데 수하돌니크의 연구팀에서는 효소를 사용해 화학적으로 모양이 다른 분자들을 만들었다. 인산기를 제거하고 포스포로티오에이트 유도체를 만든 분자는, 무세포 분석법에서, 잠복성 RNA 가수분해효소를 잘 활성화시켰다. 그러나 헝가리에서와 마찬가지로 세포로의 전달은 매우 문제가 있었다.

그 뒤 브로드스트리트에 있는 하네만 대학교 병원의 공동 연구자들이 그들의 임상시험을 도와달라고 카리코 연구팀에게 요청했고, 그곳에서 인간면역결핍바이러스에 감염된 환자를 치료하기 위해 이중가닥 RNA를 사용하기로 결정했다. 1980년대는 에이즈로 죽어가는 환자들이 많았기 때문에 그들에겐 일종의 동정적 치료가 필요했다. 그리고 합성(I:C) 중합체와 같은 이중가닥 RNA 유사체가 인터페론을 만들도록 세포를 활성화시킨다는 사실이 알려져 있었다. 이중가닥 RNA는 1960년대에 발견되었지만 바이러스에 대항하기 위해 1970년대에 사용하기에는 너무 독성이 컸다. 따라서 이중가닥 RNA를 사용해 환자를 치료할 수는 없었다. 하지만 윌리엄 카터(William Carter)와 폴라 피터(Paula Peter)가 이중가닥 RNA에 약간의 비상보적인 염기를 도입하면 독성이 훨씬 덜하면서도 여전히 면역반응을 일으킬 수 있을 것이라는 조언을 해주었고, 연구팀은 상보성이 떨어지는 염기를 갖는 이중가닥 RNA를 만들어 관심을 갖는 환자에게 그것을 전달했다. 18주 동안 일주일에 두 번 이중가닥 RNA를 250mg씩 투여했다. 처음에는 효과가 있었고 어떤 환자는 호전되는 것처럼 보였지만 임상시험을 더 진행하자 효과가 나타나지 않았다.

약간의 가능성

얼마 지나지 않아 카리코의 아메리칸드림은 첫 번째 좌절을 겪게되었다. 템플 대학교에서 4년을 지낸 뒤 카리코는 연구비와 연구주제 문제로 갈등을 빚고 자신을 강제 추방하려 하는 수하돌니크를 떠나 어쩔 수 없이 인근의 펜실베이니아 대학교로 이직해야 했다.

카리코가 펜실베이니아 대학교로 자리를 옮긴 1990년 무렵에는 mRNA를 합성할 수 있을 정도까지 과학이 발전한 상태였다. 1984년, 미국의 생화학자 캐리 멀리스(Kary Mullis)는 미량의 DNA를 증폭할 수 있는 중합효소연쇄반응(polymerase chained reaction, PCR)을 개발했다. 1989년에 피터 뉴먼(Peter J. Newman) 등은 인간의 혈소판에서 PCR을 이용해 증폭한 DNA를 주형으로 이용하여 RNA 중합효소로 mRNA를 생성하는 방법을 찾아냈다. 카리코는 드디어 mRNA를 기반으로 한 유전자 치료에 대한 연구를 시작할 수 있었고, 그 이후 연구의 초점은 이것에 맞춰졌다.

카리코를 교수진으로 초빙한 심장 전문의 엘리엇 바라나단(Elliot Barnathan)은 유로키나아제를 투여해 혈관 이식 후 생성되는 혈전을 방지하고 싶어 했다. 이 단백질을 생성할 수 있는 mRNA를 넣어 새로 이식된 혈관이 무리 없이 살아 있는 상태를 유지하게 하려 했다.

그는 염기서열이 알려진 유로키나아제의 유전자를 플라스미드에 넣어 복제하려 했고, 그래서 1987년에 나온 크롬친스키(Chromchinski) 방법(화학적으로 RNA를 분리하는 한 가지 방법)과 PCR 방법을 알고 있는지 여부를 물었다.

그 당시에는 분자생물학 실험을 시작하기가 어려웠다. 그나마 T7 RNA 중합효소를 이용한 RNA의 시험관 내 전사가 가능해졌다. 마침 이 효소는 1985년에 뉴잉글랜드 바이오랩과 프로메가가 시판하게 되었고, 이에 앞서 1983년에는 파마시아 사가 캡 유사체를 출시했다. 그래서 카리코는 캡을 가진 암호화 서열과 폴리-(A) 꼬리가 있는 RNA를 만들 수 있었다. 가장 중요한 문제는 작은 분자량의 RNA를 세포 내로 전달하는 것이었는데, 마침 1987년에 리서치랩과 필 퍼그너(Phil Fergner)는 RNA와 같은 작은 핵산을 세포로 전달할 수 있는 리포펙틴(lipofectin)이라는 제품을 개발했다.

비슷한 시기에 프랑스의 분자생물학자인 피에르 묄리엥(Pierre Meulien)의 연구팀은 처음으로 리포솜 캡슐에 독감 백신 mRNA를 넣어 마우스에게 접종했고, 그 결과를 1993년 〈유럽면역학저널〉(*European Journal of Immunology*)에 발표했다.

카리코의 계획은 질병을 예방하기 위한 단백질이 아니라 질병을 치료하기 위한 단백질을 암호화하는 데 mRNA를 사용하는 것이었다. 카리코처럼 열성적이었던 엘리엇 바라나단도 mRNA 치료를 시도하기로 결정했다. 카리코와 바라나단은 유로키나제 수용체를 지시하는 mRNA를 리포펙틴에 담아 세포로 전달하는 실험을 계획했다. 그리고 감마카운터라는 기계를 가지고 있었기 때문에 실제로 그들이 원한 단백질을 세포가 만들어냈는지 확인할 수 있었다.

1996년 크리스마스이브에 카리코는 바라나단과 함께 감마카운터 앞에서 mRNA가 수용체를 기능적으로 암호화하는지, 그리고 요오드로 표지된 유로키나아제가 여전히 결합할 수 있는지 확인하려고 했다. 유로키나아제 수용체는 당이 첨가되고 글리코실 포스파티딜이노시톨과 연결되는 등 번역 후에 상당히 변형되는데, 이런 변형은 적절한 기능을 나타내는 데 꼭 필요하다. 감마카운터는 따닥따닥 소리를 냈고, 이것은 mRNA가 세포로 제대로 들어가서 만든 단백질이 수용체와 결합한다는 신호였다. 그리고 이것은 카리코가 RNA를 치료법에 사용할 수 있는 가능성을 처음으로 실감한 순간이었다. 세포는 들어온 mRNA의 지시를 바탕으로 이전에는 만들지 못했던 단백질을 생산하게 되었다.

포기란 없다

카리코는 이처럼 여러 가지 프로젝트를 진행하고 많은 연구업적을 이루었지만 mRNA를 치료제로 사용할 수 있다는 생각은 그 당시로는 너무 급진적이어서 보조금을 한 번도 받지 못했다. 펜실베이니아 대학교 의과대학에 부임하며 카리코는 mRNA 치료에 관한 첫 번째 보조금을 신청했다. 그러나 1년 후 이 보조금 신청은 거부되었고, 그 후에도 잇달아 거절의 쓴맛을 봐야 했다.

그러다 벤처회사의 지원을 받기 위해 노력했고, 맥머크펀드(Mac Merck Fund)에 1만 달러를 신청했지만, 그들은 이 RNA를 변형하는 것이 아무 쓸모가 없을 것이라고 생각했다. 어쨌든 카리코의 상사는 이 내용이 너무 복잡하다고 생각했기 때문에 바라나단과 함께 투자자에게 가서 직접 설명해보라고 했다. 보조금을 줄 것이라는 약속을 믿고 카리코와 바라나단은 신청서를 제출했지만 그들은 끝내 약속을 지키지 않았다. 카리코는 연구비를 대면서 공동 연구를 할 사람을 계속 찾았지만 그런 사람은 나타나지 않았다. 예를 들면, 강연 옆자리에 앉은 사람과 공동 연구를 하기로 합의했는데, 카리코가 연구비를 받지 못하는 처지라는 것을 알고는 후속 미팅을 거절한 경우도 있었다.

형가리에서 동생이 찾아왔는데도 보조금 신청 날짜를 맞추기 위해 제야를 신청서와 씨름하며 보낸 적도 있었다. 그때도 보조금을 신청한 일곱 건의 연구계획서 중 카리코의 것만 빼고 모두 승인되었다. 지위도 낮고 연구비도 없고 결과도 신통치 않다면 대개의 사람들은 '그래, 할 만큼 했어. 다른 곳에서 더 가능한 일을 찾아볼 거야'하며 포기할 것이다. 그러나 카리코는 달랐다. 카리코는 좌절감을 느끼기보다는 투지를 더욱 불태우는 타입의 사람이었다.

카리코는 RNA가 불안정한 점을 개선하기 위해 고리형 RNA를 만들려고 노력했고, 계속해서 더 나은 RNA 접근법, 더 나은 전달법을 찾기 위해 노력했다. 밤낮으로 보조금 신청서를 쓰면서도 많은 실험을 했고, 그중 몇 편은 논문으로 발표했다.

한편 다른 연구팀은 마우스의 근육에 mRNA를 주입하면 그에 상응하는 단백질을 만들 수 있다는 연구 결과를 얻어, 인간에게도 적용할 수 있다는 희망을 주었다. 그러나 카리코가 마우스에게 mRNA를 투입했을 때는 심각한 염증반응이 일어나 바로 폐사해야 하는 경우도 생겼다. 이처럼 동물시험에서 안전성이 확인되지 않는 실험을 사람에게 할 수는 없는 일이었다.

카리코는 이 문제를 해결할 수 있다고 믿었지만 펜실베이니아 대학교의 상사는 적어도 상당한 보조금을 확보하지 않고는 연구를 계속 추진할 가치가 없다고 느꼈다. 1995년에 펜실베이니아 대학교는 연구 프로젝트를 바꾸고 종신재직권 직위를 유지하거나, mRNA에 대한 작업을 계속하되 임시 연구원으로 근무하라는 최후통첩을 보내며 압박했다. 당시 카리코는 암 진단을 받고 두 차례의 수술을 앞둔 상태였고, 영주권 취득을 위해 헝가리로 돌아간 남편은 비자 문제로 6개월간 발이 묶여 있는 상황이었다. 카리코는 수술을 받으면서 양자택일의 선택권을 두고 고심해야 했다. 결국 카리코는 미국에서 비자를 갱신하기 위해 낮은 급료의 임시 연구원의 직위를 받아들이고 mRNA 연구에 전념하기로 했다.

자신이 펜실베이니아 대학교에 재직해야만 딸 수전 프란시아(Susan Francia)가 등록금을 감면받을 수 있다는 것도 커다란 이유 중 하나였다. 후에 프란시아는 2008년과 2012년 올림픽에서 미국 국가대표 선수로 발탁되어 조정팀에서 금메달을 두 번이나 획득했다.

연구팀은 해체되었고 비정년트랙으로 강등되었지만 카리코는 mRNA 연구를 포기할 수 없었다. 카리코는 결국 심장학 교실을 그만두고 신경외과학 교실에서 다시 연구를 시작해야만 했다. 그나마

다행이라면 학생일 때 심장학 교실에서 함께 일했던 데이비드 랭거 (David Langer)가 있었고, 그 또한 이 mRNA 치료법을 믿어주었다는 것이다. 랭거는 학과장에게 직위에서 강등된 카리코를 받아달라고 설득했다. 카리코는 신경외과 의사가 관심이 있을 만한 주제를 가지고 mRNA 치료법을 개발하려고 했다. 카리코는 랭거와 함께 몇 가지 첨가제를 사용해 mRNA의 번역 효율성을 높일 수 있는 방법을 알아냈으며, 마우스의 뇌에 RNA를 전달하는 실험을 하기도 했다.

그러나 암울한 시기는 곧 다시 닥쳐왔다. 데이비드 랭거는 떠나야 했고 신경외과 학과장도 떠났다. 카리코는 혼자 남았다.

5장

카탈린 카리코:
마침내 성공

드류 와이즈먼과의 만남

와신상담 끝에 마침내 기회가 찾아왔다. 1998년 당시에는 논문을 온라인에서 검색할 수가 없었다. 그래서 새로운 문헌을 읽기 위해서는 학술지에 실린 논문을 복사해야 했다. 카탈린 카리코가 논문을 복사하러 갔을 때 낯선 사람이 복사기 앞에 먼저 와 있었다. 카리코는 그 사람과 인사를 나누었고, 둘은 서로 자신이 하는 일을 간단히 소개했다. 늘 하던 대로 카리코는 자신이 어떤 RNA건 만들 자신이 있으며 mRNA를 인체에 넣어 세포 스스로 치료제를 만들도록 하는 게 꿈이라고 말했다. 낯선 사람은 자신의 이름은 드류 와이즈먼이고 앤서니 파우치(Anthony Fauci)의 실험실에서 왔다고 했다. 앤서니 파우치는 현재 미국의 코로나19 정책을 총괄 지휘하는 알레르기 및 감염병 연구소 소장이어서 모르는 사람이 없지만, 그 당시 카리코는 그가 누군지 알지 못했다. 와이즈먼은 DNA를 사용해서 백신을 만들 계획이라고 말했다. 카리코는 와이즈먼에게 관심이 있다면 당신이 연구하는 인간면역결핍바이러스 감염증을 치료하기 위한 mRNA도 만들어줄 수 있다고 했다. 와이즈먼은 카리코의 아이디어에 금세 매료되었고 기꺼이 도움을 주기로 했다. 연구비나 다른 것에 대해서는 묻지도 않았다. 와이즈먼이 실험실도 갖추고 연구비도 있는 우월한 입장이었지만 그는 소탈했다. 와이즈먼은 카리코를 자신의 실험실로 초대했고, 두 사람은 대등하게 일했다.

우선 카리코는 와이즈먼의 주문대로 인간면역결핍바이러스를 구성하는 단백질 중 하나인 GAG의 mRNA를 만들어 마우스에게 주사했다. 마우스는 강력한 염증반응을 나타냈다. 다시 말하면 몸속에 들어온 HIV가 만드는 mRNA 자체를 백신 후보로 사용할 수 있다는 뜻이었다. 와이즈먼은 매우 기뻐했다. 하지만 카리코는 치료를 위해 세포 안에서 단백질을 생산하는 mRNA를 개발하고 싶었기 때문에 그 결과가 그렇게 마뜩하지만은 않았다. mRNA의 면역원성이 크다는 것은 좋은 소식이 아니었다. mRNA가 치료물질이 되기 위해서는 사람의 세포가 체내에 들어온 mRNA를 이물질로 인식하지 않아야 했다. 즉 mRNA 자체에 대해 면역반응을 나타내지 않으면서 지시하는 단백질만 만들 수 있어야 했다.

카리코는 오랫동안 꿈꿔오던 대로 실험 접시의 세포가 아니라 살아 있는 동물에 직접 mRNA를 넣어 동물이 해당하는 단백질을 만드는지를 마음껏 확인할 수 있는 실험을 하게 되었다. 그러나 결과는 카리코가 바라던 대로 잘 나오지 않았다. mRNA를 만들어 마우스에게 주사했더니 마우스는 병에 걸렸다. 식욕도 잃고 털 색깔도 변했다. 끔찍했다. 애써 넣은 mRNA는 이물질로 간주되어 비특이적 면역 반응을 일으키며 파괴되었다.

생물체의 주변에는 늘 숙주를 감염시키려고 하는 바이러스, 이동성 유전 요소(mobile genetic elements), 그리고 감염성 단백질이 득실댄다. 숙주는 자신과 남을 구분하기 위해 침입하는 감염체에 대해 방어를 하는 면역반응을 발달시켜왔다.

우리의 면역계는 낯선 RNA를 발견했을 때 우리 몸에 바이러스가 침투한 것으로 인식한다. 생화학적 수준에서 면역계는 어떻게 이런 인식을 하게 될까? 그리고 그 메시지를 어떻게 전달할까? 한 가지 방법은 병원체 관련 분자 패턴 인식 수용체 역할을 하는 단백질을 통하는 것이다. 병원체 관련 분자 패턴은 박테리아 독소에서 일부 바이러스의 특징이라고 할 수 있는 이중가닥 RNA, 카리코의 연구와 관련이 있는 단일가닥 mRNA에 이르기까지 다양한 분자일 수 있다. 다양한 패턴 인식 수용체마다 특정한 병원체 관련 분자 패턴이 결합하면 신호 전달 단계가 가동되고, 사이토카인이라고 하는 화학 메신저를 방출해 면역계를 작동시킨다. 패턴 인식 수용체 중 하나는 '의심스러운' RNA에 특이적으로 결합하는 톨유사수용체다.

톨유사수용체에서 '톨'이라는 이름은 원래 1985년 독일의 크리스티안네 뉘슬라인 볼하르트(Christiane Nüsslein-Volhard)가 돌연변이가 발생한 초파리에서 초파리 등배 부위의 발달이 제대로 일어나지 않는 것을 보고 "이거 괴상한데!"(Das war ja toll)라고 하며 이 단백질에 톨(toll)이라는 이름을 붙인 데서 유래한다. 그 후 1996년 브뤼노 르 메트르(Bruno Lemaitre)와 율레스 호프만(Jules Hoffmann)은 이 단백질이 균류에 대한 방어작용을 하고, 1997년 루슬란 메드츠히토프(Ruslan Medzhitov)와 찰스 제인웨이(Charles Janeway)가 포유동물에서 발견되는 수용체가 초파리의 톨 구조와 유사하다는 데 착안하여 정식으로 톨유사수용체라는 이름을 제안하게 된다. 1998년, 브루스 보이틀러 (Bruce Beutler) 등은 톨유사수용체가 포유동물에서 감염에 대한 센서이며 체내 면역반응에서 중요한 역할을 한다는 것을 밝혔다.

과학자들은 이중가닥 RNA가 선천성 면역반응을 유발할 수 있다는 사실을 오래전부터 알고 있었다. 그리고 이것은 이중가닥 RNA가 일부 바이러스의 특징을 가지기 때문에 일리가 있다. 건강한 세포라면 세포질 안쪽에 이중가닥 RNA를 가지거나 핵 바깥쪽에 DNA를 가질 수 없다. 그러나 바이러스가 세포를 감염시키는 경우 바이러스가 자체 유전물질을 가지고 있기 때문에 이런 일이 나타날 가능성이 있다. 어떤 종류의 바이러스들은 단일가닥 또는 이중가닥의 DNA 유전체를 가지며, 다른 종류의 바이러스들은 단일가닥 또는 이중가닥의 RNA 유전체를 갖는다. 단일가닥 RNA 바이러스도 세포 내에서 유전물질을 복제하기 위해서는 먼저 상보적 가닥의 사본을 만들고 그것을 주형으로 사용해 원래 가닥의 사본을 만들어야 하기 때문에 이중가닥 RNA를 생산해야 한다. 살아남기 위해 세포는 이런 RNA들을 인식하는 톨유사수용체를 포함하는 패턴 인식 수용체를 진화시켰다.

과학자들은 RNA를 사용하여 단백질을 만들라는 지시를 전달하려면 이중가닥 RNA를 만들지 못하게 해야 한다는 것을 알고 있었다. 그들은 DNA로부터 RNA를 복제하기 위해 시험관 내 전사라는 과정을 사용했지만, 그렇게 만든 순수한 RNA를 세포에 도입했을 때에도 여전히 사이토카인 방출 등 선천적 면역반응이 유발된다는 것을 알게 되었다. 왜 이런 일이 일어날까?

mRNA의 면역원성

카리코는 일찍이 단백질을 대체하는 mRNA의 엄청난 잠재력을 파악했다. 예를 들어, 어떤 사람이 기능적 단백질 X를 만들지 못하게 하는 질병이 있다고 가정해보자. 과학자들은 단백질 X의 유전정보를 암호화하는 DNA를 박테리아나 동물, 심지어 식물 세포의 염색체 내에 끼워 넣어 재조합 방식으로 만들고 정제해 환자에게 전달할 수 있다. 일부 약물은 이런 방식으로 작동하지만, 비용이 많이 들고 시간이 오래 걸린다. 또 단백질이 사람 외부에서 발현되는 경우 완전히 정상이 아닐 수도 있다. 많은 단백질은 당사슬이 추가되거나 인산기가 추가되는 등 만들어진 후에도 변형되며 다른 세포에서 발현되는 경우 이러한 변형이 일어나지 않을 수도 있다.

환자에게 이러한 비정상적인 단백질을 제공하면 제대로 작동하지 않을 수도 있고 심지어 면역계 반응을 손상시킬 수도 있다. 그러나 mRNA를 전달하면 환자 자신의 세포가 정상적인 단백질을 생성하게 된다. 또한 mRNA를 만드는 과정은 염기서열을 변경하기만 하면 되기 때문에 완전히 새롭게 정제해야 하는 단백질 방식보다 훨씬 저렴하게 제조할 수 있고 응용하기가 쉽다.

모든 것이 멋지게 들리지만, 인체가 mRNA를 공격하지 않고, 그리고 그 과정에서 자신의 조직을 공격하지 않고 세포에서 이용할 수 있는 방법을 알아내지 못한다면, 카리코의 생각은 모두 공허한 이론에 지나지 않게 될 것이다.

카리코와 와이즈먼은 수지상세포라고 하는 한 종류의 면역세포에 박테리아의 RNA와 포유류 세포의 RNA를 각각 넣어보았다. 박테리아의 RNA를 넣으면 세포는 사이토카인이라는 면역계 신호 분자를 분비했지만, 포유류 세포의 RNA를 넣으면 이 반응이 훨씬 낮아졌다. 즉 박테리아 RNA의 면역원성이 더 높다고 할 수 있다.

이제 연구팀은 박테리아의 RNA와 포유류 세포의 RNA가 왜 다른 반응을 이끌어내는지 알아내야 했다. 그래서 박테리아와 포유류 세포의 전체 RNA를 종류별로 나누고 해당 종류를 개별적으로 시험했더니 핵심 단서를 찾을 수 있었다. 예를 들어, 박테리아의 전체 RNA는 면역원성이 높았지만 이에 비해 박테리아의 tRNA(전달 RNA를 나타내며, 단백질이 번역되는 동안에 성장하는 단백질 사슬에 아미노산을 추가하기 위해 리보솜에 아미노산을 가져오는 RNA의 한 종류)의 면역원성은 훨씬 낮았다. 그리고 포유류 세포의 전체 RNA는 그다지 면역원성이 없었지만 미토콘드리아 RNA는 높았다. 미토콘드리아는 진화적으로 박테리아에서 유래했기 때문에, 박테리아와 비슷한 면역원성을 나타낸다는 것은 일리가 있었다.

박테리아와 포유류 미토콘드리아의 RNA는 tRNA를 제외하고는 전사 후 염기가 거의 변형(메틸화 등)되지 않는다. 이와는 대조적으로 포유류 RNA와 tRNA의 염기는 전사 후 광범위하게 변형된다. 따라서 포유류의 세포는 그 변형 여부로 자신의 RNA인지 또는 바이러스나 박테리아와 같은 침입자의 RNA인지를 구별하고 적절한 면역반응을 나타낼 수 있는 것이다.

카리코는 RNA 내에서 염기가 많이 변형될수록 면역원성이 낮아질 수 있다는 사실을 발견했다. 그런데 세포는 이 RNA의 변형 여부를 어떻게 구별해낼까? 이 실험을 하기 직전에 다른 연구팀에 의해 특정 RNA가 톨유사수용체 3에 결합한다는 논문이 발표되었다. 카리코는 이 RNA가 톨유사수용체 3이나 다른 톨유사수용체 중 하나와 관련이 있다고 생각했다.

이를 시험하기 위해 카리코는 일반적으로 톨유사수용체를 발현하지 않는 세포에서 일련의 실험을 수행했다. 이 세포들은 RNA에 대해 사이토카인의 일종인 인터루킨-8을 생성하는 면역반응을 나타내지 않았다. 카리코는 세포에 한 종류씩 톨유사수용체를 발현시켜 이들이 RNA에 반응하는지 여부를 관찰했다. 그 결과 톨유사수용체 3, 톨유사수용체 7, 톨유사수용체 8이 모두 RNA를 감지할 수 있고, 특히 톨유사수용체 7과 톨유사수용체 8이 뉴클레오티드가 변형되지 않은 RNA에 비해 1-메틸슈도우리딘으로 변형된 RNA에 대해 현저히 낮은 면역반응을 나타냄을 알 수 있었다.

변형되지 않은 합성 mRNA는 이중가닥 RNA 의존성 단백질 키나제 R(Protein Kinase R, PKR)이라고 하는 또 다른 면역체계 감시 장치에 결합할 수 있다. 이름에서 알 수 있듯이 PKR은 키나제(인산 첨가효소)의 일종으로, 원하는 mRNA에 결합하면 스스로 인산화해 활성화한 다음, 번역 개시에 필요한 단백질 중 하나인 진핵 번역 개시 인자 2α(eIF2α)를 인산화해 번역을 차단한다. 결과적으로 mRNA가 지시하는 단백질이 만들어지지 않는다. 카리코는 1-메틸슈도우리딘으로 변형된 합성 mRNA는 PKR에 결합하지 않아 결국 번역이 정상적으로 진행되고 많은 단백질이 만들어진다는 결과를 2010년 논문에서 제시했다.

이것을 실제로 어떻게 증명했을까? 카리코는 반복된 실험 끝에 RNA를 시험관 내에서 전사할 때 원래의 우리딘 염기 대신 변형된 1-메틸슈도우리딘 염기로 대체된 변형 RNA를 만들었다. 그리고 이 변형 RNA의 면역원성 여부를 알기 위해 마우스에 주사했다. 십여 년간의 끈질긴 노력이 보상받느냐 수포가 되느냐를 확인하는 실험이었다. 마우스는 염증반응을 나타낼 것인가, 단백질을 만들 것인가? 카리코는 숨을 죽이며 결과를 기다렸다.

결과는 성공적이었다. 마우스는 별다른 염증반응을 나타내지 않고 원하는 단백질을 만들었다. 그다음 문제는 1-메틸슈도우리딘으로 변형된 RNA가 단백질을 제대로 만들 수 있을까 하는 점이었다. RNA를 변형하면 번역 자체가 방해를 받을 수 있기 때문이다. 그런데 실제로 그들은 변형된 mRNA가 변형되지 않은 mRNA보다 배양세포뿐만 아니라 실제 마우스에서도 단백질을 훨씬 더 잘 만든다는 것을 발견했다. 카리코는 결과에 흥분하지 않았다. mRNA가 이런 결

과를 낳을 것이라는 사실을 단 한 번도 의심한 적이 없었기 때문이
다.

6장

스파이크에 얽힌 비밀

백신 연구의 초석

미국의 코로나19 대응을 총지휘하는 앤서니 파우치 알레르기 및 감염병 연구소장이 떠오르는 별이라고 극찬한 키즈메키아 코벳도 코로나바이러스 백신 개발에서 아주 중요한 역할을 한 과학자 중 한 사람이다. 코로나19로 각광받기 전 코벳은 바이러스 면역학계 이외에서는 거의 알려지지 않았다. 알레르기 및 감염병 연구소 산하 백신 연구센터의 선임연구원이었던 코벳은 뎅기바이러스(dengue virus), 호흡기세포융합바이러스(respiratory syncytial virus, RSV) 및 메르스 코로나바이러스와 같은 최근의 코로나바이러스성 질환을 주로 연구했다. 팬데믹 이전의 평온했던 시절에 코벳은 코로나바이러스에 대한 이런 기초 연구를 통해 코로나19 백신을 개발하는 연구의 초석을 마련했다.

코벳은 바이러스의 표면에 돌출한 코로나바이러스 '스파이크'의 형태를 연구해 면역계가 인식하고 중화할 수 있는 항체를 만들 수 있는 안정적인 스파이크 절편을 유전적으로 설계하는 방법을 발견했다. 코벳은 이 스파이크 절편을 암호화하는 유전물질을 작은 지질 입자에 넣어 세포에 전달하는 방법을 알아냈다. 실제 바이러스가 나중에 몸에 들어올 때 인식하고 공격하도록 하기 위해 체내에서 메르스 코로나바이러스의 안정적인 스파이크 단백질을 만들려고 노력했다. 코벳과 연구팀은 마우스와 원숭이 모델에서 실험적인 mRNA 백신을 시험하는 데 성공을 거두었고, 효과를 평가하기 위한 방법을 개발했다. 코벳의 연구 결과는 생명공학 회사인 모더나와 함께 코로나19 백신을 초고속으로 개발하는 데 중요하게 사용되었다.

2020년 1월 11일, 중국 과학자들은 신종 코로나바이러스의 전체 염기서열을 온라인에 공개했다. 이틀 만에 코벳과 연구팀은 코로나19 백신 후보인 mRNA-1273을 설계했다. 그리고 신종 코로나바이러스의 유전암호가 결정된 지 불과 66일 만에 이 백신 후보는 전임상 시험에 진입하는 세계 기록을 세웠다.

어떻게 이렇게 빨리 백신 후보를 개발할 수 있었을까? 내용을 좀 더 자세히 살펴보자.

떠오르는 별

코벳의 이야기를 들으면 행운은 준비되어 있는 자에게 찾아온다는 것을 알 수 있다. 코벳은 노스캐롤라이나주의 채플힐에서 15분가량 떨어진 힐스보로라는 시골 지역 출신이다. 그래서 그곳에서 살았고 그 지역의 고등학교에 다녔다. 그녀는 집안의 둘째였고, 단란한 가족의 품을 떠나 생활하는 것을 좋아하지 않았다. 초등학교 때부터 과학을 좋아해 과학전람회에 참가했지만 상을 받은 적은 한 번도 없었다. 그러나 그곳의 선생님들은 그녀의 재능을 알아챘다. 고등학교 1학년 때, 코벳은 미국화학회가 주관하는 소수인종 학생들을 대상으로 한 여름방학 프로그램에 선정되어 노스캐롤라이나 대학교 채플힐 캠퍼스의 키넌연구소에서 인턴으로 경력을 쌓았다. 여름방학 동안 고등학생으로서는 적지 않은 3천 달러를 번다는 즐거움도 있었지만, 그 경험을 계기로 코벳은 앞으로 과학을 공부해야겠다고 마음먹었다. 그녀는 유기화학 실험 중 특히 키랄화합물의 합성에 흥미를 느꼈다.

코벳은 2008년 학부생 연구를 장려하는 볼티모어카운티의 메릴랜드 대학교에 진학했다. 메릴랜드 대학교는 학부생에게 박사학위 취득을 목표로 하는 트랙을 운영하는 마이어호프 프로그램으로 유명했고, 그녀는 어차피 박사학위까지 취득하려고 마음먹었기 때문에 그 프로그램이 마음에 들었다. 대가족이 살고 있는 노스캐롤라이나주를 멀리 떠나지 않아도 되는 것도 좋았다. 의학보다는 학문적이고, 자유롭게 생각하며 하고 싶은 것을 할 수 있는 생물학을 전공으로 선택하고 사회학도 복수전공으로 택했다. 학부에 재학하는 동안 바이러스와 백신 개발에 관심이 생겨 여름마다 그레이엄의 실험실에서 호흡기세포융합바이러스와 수지상세포에 대한 기본지식을 익혔다.

노스캐롤라이나 대학교 채플힐 캠퍼스로 돌아와 미생물학 및 면역학 박사과정에 재학하는 동안에는 뎅기열의 바이러스학, 인간면역학 및 발병 메커니즘을 연구하던 아라빈다 드 실바(Aravinda de Silva) 교수의 지도를 받게 되었다. 후에 코로나바이러스로 공동 연구를 하게 되는 랠프 바릭(Ralph S. Baric) 교수의 실험실도 생각해봤지만 그 당시에는 실험실의 규모가 너무 크고 분위기가 위압적이었다. 결국 코벳은 작은 연구실을 운영하고 있던 드 실바 교수의 실험실을 택했다. 그곳에서 코벳은 뎅기바이러스에 대한 인체의 항체반응을 연구했다. 뎅기열은 모기가 매개하는 플라비바이러스(flavivirus)에 의해 일어나는 질병으로, 현재 세계 인구의 절반 이상이 플라비바이러스에 감염될 위험이 있을 정도로 세계 여러 지역에서 폭발적으로 확산되고 있다. 임상적으로 뎅기열은 심각한 열병이나 뎅기 출혈열로 알려진 생명을 위협하는 중증 질환으로 나타날 수 있다. 이 연구는 스리랑카에서 온 대규모의 인간 샘플을 다루어야 했기 때문에 일반적인 미생물 면역학으로 박사학위 과정에 있는 학생치고는 색다른 경험을 할 수 있었다.

금요일에 박사학위 구술 심사를 마치자마자 숨 돌릴 틈도 없이 코벳은 그다음 주 월요일에 백신연구센터에서 면접을 보았다. 학부 시절 여름방학 때마다 들러서 실험을 도왔던 곳이었기 때문에 고향과도 같은 느낌을 주는 포근한 곳이었다. 한 자리에 정착하기 전까지 박사후 연구원으로 여러 곳을 전전하는 다른 사람들처럼 매번 새로운 환경에 적응하거나 사람을 새로 사귈 필요도 없었다. 자연스럽게 연구만을 생각할 수 있었고 면접도 성공적이었기 때문에 백신연구센터의 자리를 마다할 이유가 없었다. 백신연구센터에서는 주로 인간면역결핍바이러스와 독감바이러스를 연구했기 때문에 코벳도 독감바이러스 프로젝트에 당연히 참여했지만 관심은 주로 코로나바이러스에 있었다. 코벳은 미국미생물학회 유튜브 채널 〈트위브〉(TWiV)에서 이렇게 실토했다.

> 내가 코로나바이러스를 연구하게 된 경위는 약간 이기적이었어요. 결과가 확실한 프로젝트를 하고 싶었죠. 코로나바이러스는 바이러스 면역학적 관점에서 보자면 특히 연구가 안 된 분야였어요. 코로나바이러스 백신 연구 과제는 이제 막 시작되고 있었지만, 주목도 받지 못했고 압력도 별로 없었죠. 연구를 지속하기에는 멋진 주제였어요. 내 입장에서 보면 완벽한 틈새를 확보할 수 있는 방법이기도 했고요. 그 뒤로 아주 많은 코로나바이러스들과 접할 수 있는 계기가 되었지요.

2014년 8월, 코벳이 처음 백신연구센터에 부임했을 때 그레이엄은 터널을 지나면 언젠가 백신 완제품을 얻을 수 있겠지라는 생각을 버리라고 충고했다. 백신에 대해 연구하고 백신이 유도하는 면역반응을 이해하게 되겠지만 코벳이 그곳에 머무는 5-6년 내에는 백신을 얻을 수 없을 것이라는 말이었다. 그런 충고가 오히려 코벳을 편하게 해주었다. 최소한 백신 제품의 관점에서 실제 생산을 해야 한다는 압력 없이 일종의 은밀한 프로젝트를 운영해도 된다는 뜻이었으니까.

백신연구센터에서도 나름대로 코로나바이러스에 대한 연구를 하고 있었다. 코벳이 부임했을 무렵에는 메르스 코로나바이러스 연구를 하고 있었고, 그 이전에는 사스(SARS, severe acute respiratory syndrome, 중증급성호흡기증후군) 코로나바이러스(SARS-CoV)를 연구했다. DNA 플랫폼의 사스 백신을 개발하기도 했는데, 1상 임상시험에 진입하기는 했지만 백신 완제품을 만들지는 못했다. 메르스가 발병하자 그들은 스파이크 단백질에 대한 DNA 백신 연구를 시작했다. 코벳이 그곳에 도착했을 무렵에는 일을 거의 마무리하고 연구 결과를 몇 편의 논문으로 정리하려는 중이었다.

팬데믹 대비 프로토타입 병원체 접근방식

코로나바이러스는 전 세계인의 건강을 위협하고 있는데 왜냐하면 대부분 동물 저장소에서 서식하는 대그룹의 바이러스에 속하기 때문이다. 박쥐의 전형적인 바이러스인 코로나바이러스는 사람에게 전파될 가능성이 크며, 그런 일이 벌어지면 신종 코로나바이러스가 일으킨 코로나19와 같은 광범위한 유행병, 더 나아가 팬데믹을 일으킬 수 있다. 연례적으로 독감 시즌에 경미한 감기 비슷한 증상을 일으키는 유행성 코로나바이러스도 있지만, 2002년에 발병해 32개국에서 8,437명의 확진자와 813명의 사망자를 낳은 사스와, 2012년에 발생해 27개국에서 2,494명의 확진자와 854명의 사망자를 낳은 메르스가 코로나바이러스로 인한 감염병이라는 점으로 볼 때, 코로나바이러스 족에 속하는 바이러스가 공중보건에 커다란 위협이 됨을 절박하게 이해할 수 있을 것이다.

이것은 역학자뿐만 아니라 바이러스 진화를 주로 연구하는 학자들도 명확하게 지적하고 있는 것이다. 노스캐롤라이나 대학교의 랠프 바릭 등은 많은 연구 결과물로부터 사스 유사 코로나바이러스가 재발할 가능성이 크다고 주장해왔다. 코로나19 팬데믹을 일으킨 신종 코로나바이러스는 사스 코로나바이러스뿐만이 아니라 인간에 출현할 가능성이 높은 WIV1과 같은 베타 코로나바이러스 아족에 속한다. 이런 바이러스가 퍼지는 것을 효과적으로 막기 위해서는 백신을 접종하는 수밖에 없다.

코벳이 신종 코로나바이러스에 대한 백신을 신속하게 개발할 때 사용한 방식은 팬데믹 대비 프로토타입 병원체 접근방식(prototype pathogen approach for pandemic preparedness)이라는 것인데, 같은 종류에 속하는 바이러스 중 한 가지를 연구하면 그것이 프로토타입 병원체가 되고 특정한 프로토타입 바이러스를 둘러싼 지식을 얻을 수 있다는 것이다. 그다음에는 같은 종류에 속하는 다른 바이러스들에게도 그 지식을 적용할 수 있게 된다. 예를 들어 베타 코로나바이러스에 속하는 메르스 코로나바이러스를 연구하면 베타 코로나바이러스

전체에 광범위하게 적용할 수 있는 지식을 얻게 될 것이다. 그렇다면 1상 임상시험을 통해 팬데믹에 대응할 수 있는 백신을 신속하게 개발한다는 꿈을 실현할 수 있다. 코벳이 물론 신종 코로나바이러스를 염두에 두고 특별히 메르스 코로나바이러스를 연구한 것은 아니지만, 코로나19에 신속하게 백신 대응을 할 수 있었던 것은 메르스 코로나바이러스 백신 개발에 대한 충분한 사전 지식을 가지고 있었기 때문이다. 이 접근방식은 여러 백신을 신속하게 개발하는 데 전반적으로 도움이 되었다.

코로나바이러스팬데믹 위협에 대비하기 위해서는 신속하고, 신뢰성 있고, 보편적인 백신 대책이 필요하다. 그래서 코벳은 새로운 혁신적 백신학 기술을 개발하는 데 필요한 몇 가지 전제조건을 생각했다.

그중 첫 번째는 정밀도다. 따라서 이것은 구조 기반 백신 기술을 사용하고, 동물모델 혹은 인간의 전임상 시 백신반응 및 면역반응을 매핑하며, 항원 계열을 밝히는 것이다. 이 모든 일은 백신반응을 일으키기 위해 사람에게 전달하고자 하는 바이러스 조각인 백신 항원을 가장 잘 만들기 위한 정보를 실제로 제공한다. 백신기술은 시험을 거쳐 최소한의 의약품 제조 기준을 유지해야 한다.

두 번째는 속도다. 지금 당장 신속하게 제조할 수 있는 백신 플랫폼을 독점할 수 있어야 하기 때문에 속도는 분명 중요하다. 그리고 일반적으로 말하자면 이런 유형의 플랫폼은 mRNA 플랫폼이나 DNA 플랫폼으로 바뀌는 경향이 있다. 그래서 백신기술은 방대한 양을 빠르게 생산할 수 있어야 한다.

그다음은 보편성이다. 보편적인 백신기술은 선제적으로 미래의 감염을 예방할 수 있어야 한다. 아직 코로나바이러스 분야는 그 수준에 이르지 못했다. 코로나바이러스의 대유행에 대비해 생각하기 시작한 방식은 사람에 대한 임상시험 단계로 빠르게 이동할 수 있는 백신 설계를 통한 선제적인 플러그 앤 플레이 방식에 더 가깝다고 할 수 있다.

스파이크 단백질의 구조

코벳은 메르스 코로나바이러스와 다른 코로나바이러스를 프로토타입 병원체로 사용하는 방식으로 팬데믹에 대비하기 위한 백신의 전임상 시험 방법을 개발하는 데 정말로 많은 시간을 보냈다. 그 프로토타입 병원체 접근방식에서는 스파이크 단백질을 백신의 표적으로 활용했다. 코로나바이러스 표면에 존재하는 스파이크 단백질은 모든 종류의 코로나바이러스 표면에 아주 잘 보존되어 있는 스파이크 단백질들이므로, 이 단백질들이 먼 공통 조상으로부터 진화해 왔음을 알 수 있다. 코로나바이러스는 표면에 세 개의 폴리펩티드(단백질을 구성하는 아미노산 사슬로 이루어진 단위체)로 구성된 스파이크 단백질을 갖는다. 이 단백질들은 바이러스가 숙주세포에 잘 부착하게 하는 기능을 한다. 이 스파이크 단백질은 머리 부분에 있는, S1 영역이라는 수용체 결합 영역을 통해 사람 세포의 ACE2 수용체에 결합하고, 머리 부분 아래의 줄기에는 S2 영역이 있어 사람 세포와의 융합을 돕는다. 스파이크 단백질은 이 영역들을 통해 사람 세포에 부착한 다음, 바이러스와 사람 세포가 서로 융합되게 만든다. 간단히 말하자면 스파이크 단백질이 열쇠고 사람 세포가 자물쇠라면 스파이크 단백질은 수용체라는 열쇠 구멍을 통해 바이러스가 사람 세포를 열고 안쪽으로 들어갈 수 있게 하는 것이다. 그다음에 감염과 바이러스 복제가 일어난다.

백신이 면역반응을 나타내기 위해서는 특히 스파이크 단백질에 대한 항체반응이 잘 일어나야 한다. 문제는 팬데믹 이전에는 스파이크 단백질을 항원으로 백신을 개발해야 한다는 것 이외에는 어떤 아이디어가 없었다는 점이다. 2013년 초에 코벳의 연구팀은 메르스 코로나바이러스를 대상으로 하여 스파이크 단백질에 대한 면역반응이 어떻게 일어나는지 복잡한 세부사항을 이해하려고 노력했다.

코로나바이러스의 스파이크 단백질은 이전에도 백신 항원으로 연구된 적이 있었다. 코로나바이러스와 독감바이러스, 그리고 호흡기세포융합바이러스는 진화계통수에서 멀리 떨어진 가지에 있지만 그들의 스파이크 단백질은 구조가 상당히 유사한 융합단백질이라는 특성을 공유한다. 20여 년간 호흡기세포융합바이러스에 대해 연구해온 그레이엄은 이 스파이크 단백질의 구조를 이해해야 호흡기세포융합바이러스 백신을 설계할 수 있다고 믿었다. 그래서 인간면역결핍바이러스를 주로 연구했던 제이슨 맥렐란과 피터 쾅(Peter Kwong) 등의 구조생물학자들을 백신연구센터로 불러들였다. 연구자들은 이전에 호흡기세포융합바이러스 백신 후보를 개발하기 위해 몇 가지 구조생물학적 기법을 시도했지만 궁극적으로 실패로 끝났다. 그들은 F 스파이크 단백질에 초점을 맞추었다. 그러나 숙주세포의 수용체와 융합하기 전과 숙주세포의 수용체와 융합한 후 구조가 달라진다는 것은 미처 생각해보지 못했다. 융합 이전의 구조는 극도로 불안정해서 순식간에 자발적으로 융합 이후의 상태로 전환되기 때문이다.

이들은 곧이어 융합 이전의 스파이크 구조가 중요하다는 것을 알아냈다. 호흡기세포융합바이러스의 F 단백질 구조는 사람 세포와 융합하기 이전과 융합한 이후에 크게 달랐다. F 스파이크 단백질은 융합 이전에는 약간 땅딸막한 버섯과 비슷한 모습을 하고 융합 이후에는 기다란 모양으로 바뀐다. 이 구조적 차이는 또한 인체가 바이러스를 항원으로 인식하는 데도 영향을 미친다. 이것은 바이러스 스파이크 단백질의 표면에 존재하는, 중화에 민감한 항원결정부위가 숙주세포와 융합하기 전에는 노출되지만 융합 후에는 안으로 숨겨지기 때문이다. 포르말린으로 사멸시킨 호흡기세포융합바이러스를 임상시험한 결과 이런 변화가 재확인되었다. 호흡기세포융합바이러스에서 실제로 강력한 항체반응이 없었던 이유는 그 바이러스들이 대부분 융합 이후의 구조를 띠기 때문이라고 보았다. 따라서 백신반응을 위해서 중화에 보다 민감한 항원결정부위를 표적하려 한다면 스파이크 단백질의 항원결정부위가 노출되는 융합 이전의 안정화된 구조를 가져야 한다.

그레이엄과 맥렐란은 융합 이전의 구조를 유지할 수 있다면 더 성공적인 백신을 만들 수 있겠다고 추측했다. 이후 맥렐란은 단백질을 생명공학적으로 안정화시키는 방법을 찾았다. 그레이엄이 마우스에서 이 새로운 분자를 시험했을 때 융합 이전의 구조로 안정화된 F 스파이크 단백질은 면역반응을 더 효율적으로 일으키는 항원으로 작용했다. 융합 이후의 F 단백질을 가지고 시험했을 때보다 항체의 중화능력이 50배나 강해졌다.

한편 2015년, 그레이엄 연구실의 박사후 연구원이 사우디아라비아를 여행하다가 메르스에 감염되는 일이 벌어졌다. 연구원에게는 안타까운 일이었지만 연구팀에게는 메르스 코로나바이러스를 연구할 수 있는 절호의 기회가 되었다. 연구팀은 박사후 연구원의 비강 분비물에서 메르스 코로나바이러스를 발견했고, 이를 이용해 융합 이전의 구조를 규명할 수 있었다. 그러나 메르스 코로나바이러스는 병원성이 센 위험한 바이러스였다.

마침 바로 전 해에 연구팀에 참여한 코벳이 코로나바이러스를 연구하기 시작했을 당시 코로나바이러스 스파이크 단백질의 자세한 구조는 아직 밝혀지지 않은 상태였다. 코벳은 대학원에 재학 중일 때 무증상 뎅기열을 연구한 경험이 있었기 때문에 전염성 바이러스에 관심이 많았다. 그래서 제이슨 맥렐란과 함께 인간 코로나바이러스의 한 종류이며 가벼운 감기를 일으키는 베타 코로나바이러스인 HKU1의 스파이크 단백질의 구조를 먼저 밝히기로 했다.

메르스 코로나바이러스와 사스 코로나바이러스의 스파이크 단백질은 너무 크고 당이 많이 붙어 있기 때문에 세포 배양에서 야생형 단백질을 발현시키기가 매우 어렵다. 그러나 HKU1 바이러스의 스파이크 단백질은 메르스 코로나바이러스나 사스 코로나바이러스의 스파이크 단백질과는 달랐다. 발현되기가 매우 쉬웠고 야생형일 때도 더욱 균질한 단백질을 얻을 수 있었다. 그래서 결과를 쉽게 얻을 수 있는 구조라고 생각했다. 메르스 코로나바이러스와 사스 코로나바이러스와 같이 근연관계가 깊거나 더욱 유행성이 있는 코로나바이러스 주를 해결할 수 있다고 생각했다.

스파이크 단백질의 고해상도 구조가 밝혀져 있지 않았었기 때문에 이에 대한 공동 연구를 시작하기 위해서는 스크립스 연구소의 앤드류 워드와 다트머스 대학의 제이슨 맥렐란 등 구조에 정통한 연구자들과 초저온 전자현미경으로 공동 연구를 해야만 했다.

기존의 X-선 구조결정법을 사용하여 연구하려면 코로나바이러스를 결정으로 만들어야 했는데, 이런 작업은 쉽지 않았다. 초저온 전자현미경법은 결정을 만들지 않고도 얇은 얼음층에서 동결된 단백질을 볼 수 있게 해준다. 단백질이 얼음층에서 제각각 자리를 잡기 때문에 다양한 음영을 남기게 되고 과학자들은 이 2차원 음영을 컴퓨터로 조합해 3차원 구조를 추정한다.

코벳과 그레이엄은 앤드류 워드 연구팀 및 제이슨 맥렐란 연구팀과 함께 인간 코로나바이러스인 HKU1의 융합 이전의 스파이크 단백질 구조를 최초로 밝혀냈다. 거의 같은 시기에 워싱턴 대학교의 데이비드 비슬러(David Veesler) 연구팀은 쥐간염바이러스(MHV) 스파이크 단백질의 구조를 밝혀냈다. 이후 서로 다른 실험실에서 다양한 코로나바이러스 스파이크 단백질을 설명하고, 실제로 이러한 코로나바이러스 단백질의 구조를 설계하려고 시도하는 문헌들이 쏟아져 나왔다.

2017년경에 조지 가오(George Gao)의 연구팀은 메르스 코로나바이러스와 사스 코로나바이러스 단백질에 대한 초저온 전자현미경 구조를 발표했다. 거의 같은 시기에 코벳의 연구팀도 메르스 코로나바이러스의 단백질 구조를 발표했으며, 그 논문에 사스 코로나바이러스와 HKU1도 약간 언급했었다. 그러나 코벳은 스파이크 단백질의 구조와 함께 면역원성을 설명하고, 스파이크 단백질도 그냥 스파이크 단백질이 아니라 합리적으로 설계된 융합 이전의 스파이크 항원이라는 용어를 사용했다. 왜냐하면 백신 항원으로서 이러한 스파이크 단백질의 유용성에 정말 관심이 많았기 때문이다.

그렇다면 스파이크 단백질을 어떻게 합리적으로 설계하고 융합 이전의 구조로 고정할 수 있을까? 몇 종류의 코로나바이러스 스파이크 단백질의 구조를 밝히고 나서 코벳은 프로토타입 병원체인 메르스 코로나바이러스의 융합 펩티드가 존재하는 부위에 초점을 맞추었다. 첫 번째 단서는 융합 펩티드가 존재하는 스파이크 서열 부위에 주목하는 데서 나왔다. 융합 펩티드는 S2 영역에 존재하고, 우연히도 스파이크 단백질의 이 S2 영역은 베타 코로나바이러스 전체에 걸쳐 유전자 서열이 대부분 유사하다. 스파이크 단백질의 그 영역을 S라고 하는데 S2 영역 내에 있다. 그래서 스파이크 단백질의 구조가 어떻게 생겼는지 알아보기 위해 융합 이후에 접히는 중앙 나선과 일곱 개가 한 벌을 이루는 반복단위 1의 경첩 부위가 펼쳐지는 S2 영역에 주목했다. 이 코일 영역은 어렸을 때 줄어들었다 늘어났다 하는 장난감처럼 생겼는데, 코일을 움츠린 채로 잠그고 튀어나오지 않게 하려면 스파이크 단백질의 골격에 변이를 삽입하면 된다. 코벳은 그

경첩 부위에 두 개의 프롤린(아미노산의 일종) 변이를 삽입해 메르스 코로나바이러스의 스파이크 단백질을 융합 이전의 구조로 기능적으로 안정하게 만들 수 있었다. 무수한 시도 끝에 코벳은 제이슨 맥렐란과 박사후 연구원인 왕 니안슈왕(Nianshuang Wang)과 협력하여 단백질을 융합 이전의 상태로 효과적으로 고정시키는 두 개의 프롤린을 추가하는 방법을 마침내 찾아냈다.

이 연구로 무엇을 할 수 있을까? 우선 세포를 배양했더니 S-2P(두 개의 프롤린이 변이된 스파이크) 단백질은 메르스 코로나바이러스의 S(야생형 스파이크) 단백질보다 50배 더 많이 발현되었다. 또 전자현미경으로 이 단백질을 살펴보면, S-2P 단백질은 융합 이전의 버섯 모양의 아름답고 균질한 구조를 갖는 반면, S 단백질은 단백질의 모양이 더욱 늘어난 융합 이후의 구조로 쉽게 전환된다. 그리고 베타 코로나바이러스 전체에 걸친 유전적 유사성 때문에 이 두 개의 프롤린 변이는 HKU1, 사스 코로나바이러스, 그리고 메르스 코로나바이러스를 포함하는 다른 베타 코로나바이러스의 스파이크 단백질의 골격에도 그대로 적용할 수 있다. 이것은 광범위한 코로나바이러스 스파이크 단백질에서도 마찬가지다. 특히 새롭게 팬데믹을 일으킬 가능성이 있는 사스 유사 코로나바이러스인 WIV1의 스파이크 단백질을 두 개의 프롤린 변이로 융합 이전의 상태로 효과적으로 고정할 수 있게 되었다. 팬데믹이 일어난다고 하더라도 코로나바이러스, 아니면 최소한 베타 코로나바이러스 족에 걸쳐 스파이크 단백질의 골격에 넣은 플러그 앤 플레이 도구를 가지고 있기 때문에 그 스파이크 단백질을 이용하는 방법을 찾은 것이다.

그들은 이 기법을 2P변이라고 불렀고, 2017년에 특허를 신청했다. 그리고 비슷한 시기에 메르스의 mRNA 백신을 설계하기로 생명공학 회사 모더나와 제휴했다.

프로토타입 백신 개발

코벳은 메르스 코로나바이러스의 S-2P 단백질이 실제로 메르스 코로나바이러스에 대한 면역반응을 나타내는지 알기 위해 마우스 모델에 mRNA의 형태로 S-2P 단백질을 전달했다. 메르스 코로나바이러스의 치사 챌린지 시험 마우스 모델을 가지고 있는 노스캐롤라이나 대학교 채플힐 캠퍼스의 바릭과 공동 연구했다. 이 마우스는 메르스 코로나바이러스와 결합하는 인간 DPP4 수용체(메르스 코로나바이러스 스파이크 단백질의 수용체)를 가지고 있기 때문에 치사량의 메르스 코로나바이러스를 주입하면 죽게 된다. 코벳은 그 동물들에게 백신을 접종하고 메르스 코로나바이러스로 챌린지 시험(살아 있는 병원체를 주입하는 시험)을 했다. 연구팀은 0주와 3주째 접종을 하고 5주째에 채혈하여 여러 가지 다른 구성체들의 효과를 서로 비교했다.

대조군의 마우스는 챌린지 시험 이후 8일 만에 체중이 30%나 감소했다. 그러나 개체당 1 또는 0.1μg의, 심지어는 0.01μg이라는 작은 mRNA를 투여받은 마우스는 살아남았다. 일부는 체중이 줄었지만 메르스에서 회복하기 시작했고, 감염을 이겨냈다.

코벳은 폐에서 복제되는 바이러스의 양을 통해서도 이 같은 보호 작용을 확인할 수 있었다. 폐를 떼어내 그 속에 들어 있는 바이러스의 양을 살펴보면, 1 또는 0.1μg의 메르스 코로나바이러스의 S-2P mRNA를 투여한 마우스에서는 바이러스를 확실하게 예방할 수 있음을 알 수 있었다. 또 이 같은 마우스에서는 폐출혈이 전혀 관찰되지 않았다. 이 결과는 메르스 코로나바이러스의 S-2P 단백질이 인간 DPP4 수용체를 가진 마우스에서 치명적인 메르스 챌린지 시험을 예방할 수 있다는 가능성을 증명한 것이다.

몇 년 동안 코벳의 연구팀은 코로나바이러스에 대한 백신을 개발하는 방법을 발견하는 데 기초가 된 스파이크 단백질의 구조와 그 효능을 밝힐 수 있었다. 그리고 신속하게 개발된 플랫폼을 통해 정확히 디자인된 항원을 전달할 수 있는 시스템을 확보했다. 그러나 그 당시에는 아무도 팬데믹 사태에서 이 발견이 가져올 획기적 성과에 대해 예상하지 못했다.

7장

또 하나의 혁신, 지질 나노 입자

완전한 효능 발휘를 위한 전달 방식

mRNA 백신의 또 다른 문제는 분자가 크고 RNA 골격의 인산기 (PO_4^{3-})가 음전하를 띠고 있기 때문에 미성숙한 수지상세포를 제외하고는 대부분의 세포가 노출된 mRNA를 그대로 흡수하지 않는다는 점이다. 노출된 채로 세포막을 통과해서 들어가는 mRNA는 1만 개의 분자 중 1개 분자 정도다. 실제로 이처럼 낮은 투과율로는 mRNA의 효능이 나타날 리가 없다. 실제로 mRNA를 세포로 어떻게 집어넣을 수 있을까? 세포는 자신의 방식대로 들어오는 어떤 것도 받아들이지 않는다.

따라서 mRNA가 백신으로서 완전한 효능을 발휘하려면 세포막을 가로질러 mRNA가 세포질로 성공적으로 전달되는 방법을 찾아야 한다. 한 가지 방법은 mRNA를 세포 내로 도입하는 전달체로 변형된 바이러스를 사용하는 것이다. 또 다른 방법은 일종의 합성 바이러스처럼 인공 외막을 아예 새로 만드는 것이다. 백신 제조업체들은 여러 가지 방식을 궁리하며 이 방법의 열쇠를 찾으려고 노력했다. 예를 들어 지질 나노 입자로 전달하면 세포에 흡수시키거나 동물모델에 투여할 때 노출된 mRNA에 비해 최대 1000배까지 발현이 향상된다.

이것은 화이자/바이오엔테크 및 모더나 등 모든 코로나19 백신 제조회사에서 선택한 방법이다. 그러나 모더나 백신과 화이자/바이오엔테크 백신에서는 지질 나노 입자의 정확한 조성이 공개된 반면 다른 백신에서는 아직 공개되지 않았다.

전달체 개발의 역사

mRNA 백신이 개발되기 전에 짧은간섭 RNA(siRNA)는 마땅히 다른 치료법이 없는 질병에 대하여, 과발현되는 표적 유전자를 침묵시키기 위해 종종 사용되었다. mRNA를 위한 지질 나노 입자의 개발은 이 siRNA의 세포 내 도입을 위한 연구에 힘입은 바 크다.

노출된 mRNA를 세포로 전달하기 위해 아르기닌이 풍부한 양(+) 전하를 띠는 작은 단백질의 혼합물인 프로타민을 처음으로 사용했다. 그런데 프로타민과 복합체를 형성한 mRNA는 단백질 발현 능력이 떨어져서 이후로는 유리 mRNA와 프로타민-mRNA 복합체를 혼합하여 사용했다. 큐어백 사가 이 방법으로 넣은 광견병 당단백질 백신은 1상 임상시험에서 안면신경마비 등 심각한 부작용을 나타냈고, 부작용이 나타난 비율이 높아서 폐기되었다.

호흡기세포융합바이러스 F 단백질을 암호화하는 mRNA를 전달하기 위해 양이온성 지질 DOTAP를 pH 6.5의 스트르산염 완충용액에 넣은 상용 면역증강제에 함께 넣어 만든 양이온성 지질 나노 입자 유화액은 mRNA에 결합했고, 중화 능력이 나쁘지 않았다. 이 방법의 한 가지 장점은 지질 나노 입자 유화액과 mRNA를 따로 저장했다가 사용할 경우에만 결합시킨다는 것이다.

다음으로는 중합체를 사용해 mRNA를 전달하려는 시도가 있었는데, 예를 들어 폴리L-리신, 폴리에틸렌이민, DEAE-덱스트란, 폴리베타아미노에스테르(PBAE), 키토산 등이 이미 수십 년 동안 핵산 전달에 널리 사용되었다. 양이온성 중합체를 핵산과 과량으로 혼합하면 정전기적으로 결합된 양이온성 폴리플렉스가 형성된다. 많은 고분자가 개발되었지만 핵산 전달을 위한 지질 나노 입자만큼은 개발되지 않았으며 이를 성공적으로 백신에 적용한 동물실험의 사례가 부족하다. 현재 폴리베타아미노에스테르, 폴리아민코에스테르(PACE), 과분지형 폴리베타아미노에스테르(hPBAE), 이황화 결합 폴리아미도아민 등 여러 가지 중합체 시스템이 세포나 동물실험에서 mRNA를 전달할 수 있었지만 백신 임상시험은 아직 이루어지지 않았다.

지질 나노 입자의 원리

지질은 화학적으로 다양한 분자들이며, 고리형이나 사슬형의 탄화수소로 이루어져 있다. 지질은 유성 물질로 이야기해왔고 그것들은 대부분 탄화수소 사슬이다. 탄화수소 사슬은 실온에서의 상태에 따라 액체일 경우에는 기름, 고체일 경우에는 지방이라고 한다. 지질의 유성이란 기본적으로 지질 분자가 물에서 배제되는 소수성으로 이해할 수 있다. 물은 전체적으로 중성이지만 극성이 매우 높아 수소는 부분적으로 양으로 산소는 음으로 하전되어 있다. 반대 전하는 서로 끌어당기므로 물분자는 3~4개의 분자가 서로 연결된 큰 격자 모양을 형성할 수 있으며 다른 극성을 띠거나 하전된 친수성 물질과만 어울린다. '기름'은 탄소가 길게 연결되고 수소가 붙어 있는 긴 탄화수소 사슬로 구성되며, 이는 하전되지 않고 비극성이므로 친수성이 아니고 소수성이다. 따라서 기름과 물을 함께 담으면 섞이지 않는다.

생물의 세포막을 구성하는 지질은 '인지질'이다. 이들은 소수성 꼬리 위에 인산기를 함유하는 머리를 가지고 있다. 인산기는 음전하를 띠고 있어 친수성이다. 인지질은 친수성 머리와 소수성 꼬리가 있기 때문에 극성 용매나 비극성 용매와 잘 어울리고 따라서 '양친매성'이라고 한다.

결과적으로 수용액에서는 인지질 샌드위치와 같이 인지질 이중층이 조립된다. 즉 소수성 꼬리는 서로 맞닿은 채 땅콩버터처럼 안에 늘어서 있고 친수성 머리는 빵 껍질처럼 밖을 향한다. 이중층을 형성하는 지질은 생물체의 친수성 구획 내부에 세포와 같은 친수성 구획을 만들 수 있다.

세포 내부에는 막으로 둘러싸인 하위 구획이 생길 수도 있는데, 이러한 방법 중 하나는 일종의 생화학 싱크홀이라고 생각할 수 있는 내포작용이라는 과정을 통하는 것이다. 기본적으로 막은 결합된 모든 것을 포함해 막 자체의 일부를 빨아들이면서 세포 내부로 움푹 꺼지게 된다. 그래서 막과 결합된 것들은 세포 내부로 들어오고, 엔도솜이라고 하는 작은 막 결합 꾸러미에 둘러싸이게 된다.

mRNA-지질 나노 입자가 세포막에 결합된 채 내포작용이 일어나면, mRNA-지질 나노 입자는 엔도솜 속에 머물게 된다. 안으로 함께 들어간 지질 나노 입자의 지질이 엔도솜 막을 불안정하게 하면 mRNA가 세포로 흘러나올 수 있다(엔도솜 방출). 그러려면 먼저 막과 결합하는 지질 나노 입자를 만들어야 한다.

다양한 조성과 세포 유형에 따라 다르지만 지질 나노 입자는 종종 중성, 양이온성(양으로 하전된)이거나 또는 이온화 가능한 지질(어떤 pH에서 중성 또는 거의 중성이지만 다른 pH에서는 하전[이온화]될 수 있는 지질)의 혼합물이다. 실험실에서 DNA를 도입할 때 폴리에틸렌이민 같은 양이온성 운반체는 막과 잘 결합한다는 이유로 자주 사용되는데, 이와 유사하게 양이온성 작용기들도 막과 잘 결합할 수 있다.

우리가 세포 안쪽으로 핵산을 전달하는 데 양이온 운반체를 사용하는 이유는 DNA와 RNA가 음으로 하전된 (음이온) 골격을 가졌기 때문이다. 그리고 세포막에는 음전하를 띤 머리그룹이 있다. 같은 전하들끼리 반발하기 때문에 세포막의 머리 부분은 노출된 RNA

를 밀어내며, 그 상태로는 세포 표면에 도달하기가 쉽지 않다. 그러나 양이온 분자와 결합한다면 음전하를 상쇄하여 세포 표면이 덜 반발하고 덜 밀어낼 가능성이 크다. 심지어는 서로 끌어당길지도 모른다. 예를 들어 우리 몸에서 RNA와 DNA는 양전하를 띤 마그네슘 이온과 자주 어울린다.

그래서 핵산을 세포 내로 전달하려고 할 때, 우리는 종종 양이온성 지질이라는 분자로 전하를 중화시킨다. 이들은 유사하지만 인지질과 반대의 전하를 갖는다. 양이온성 지질은 소수성 꼬리와 양으로 하전된 머리를 가졌다. 이것은 그들이 음전하를 띤 RNA에 결합하여 막이 반발하는 것을 막아주고 막의 인지질 그룹에 RNA가 달라붙도록 도울 수 있다. 하지만 양이온성 지질은 시험관 내에서는 핵산을 세포 내로 도입하는 것을 도와주지만 인체에서는 혈장 단백질과 비특이적으로 결합하는 등 문제를 일으킬 소지도 있다.

따라서 지질 나노 입자를 체내에서 사용하기 위해 지질 나노 입자를 항상 양전하를 띠는 지질보다는 이온화 가능한 지질이라고 하는 일시적으로 양전하를 띠는 지질로 바꾸는 것이 좋다. 그들이 양전하를 띠는지 또 얼마나 양전하를 띠는지는 용액의 pH에 따라 달라진다. 낮은 pH(H^+ 농도가 높은 조건)에서는 더 많은 양성자(H^+)를 사용할 수 있음을 의미한다. 이온화 가능한 지질은 양성자를 받아들일 수 있는 기를 가졌으며, 양성자와 결합해 양전하를 띠게 된다(양이온성). 그러나 더 높은 pH(H^+ 농도가 낮은 조건)에서는 사용할 수 있는 양성자가 적어지므로 양성자와 잘 결합하지 않고 지질이 중성에 가까워지므로 혈장 단백질과 결합하지 않는다. 따라서 지질 나노 입자를 낮은

pH에서 조립하면 지질이 양으로 하전되고, pH를 높이면 내부의 작은 공간 안에 이온화 가능한 지질이 덮인 RNA가 있는 중성 복합체를 만들 수 있다.

이들은 여러 가지 방식으로 세포에 결합할 수 있으며, 그중 한 가지 방식은 지질 결합 수용체 단백질에 결합하는 것이다. 그런 다음 내포작용에 의해 일단 엔도솜에 갇히게 되면 이온화할 수 있는 지질이 다시 중요한 역할을 한다. 왜냐하면 엔도솜 성숙 경로의 일부로서 엔도솜이 산성화되어 이온화 가능한 지질이 다시 양성자화되고 양전하를 띠게 되기 때문이다. 이런 현상은 그들이 엔도솜 막과 상호작용하여 불안정하게 하는 데 도움이 된다.

지질 나노 입자의 제조

mRNA를 전달하기 위한 최고의 지질 나노 입자는 DNA에서 채택된 이온화 가능하고 융합성이 있는 디올레오일포스타티딜에탄올아민(DOPE)과 결합된 양이온성 디오레오일-3-트리메틸암모늄(DOTAP)이었다. 이 나노 입자는 안정성이 낮고 독성을 나타냈다.

현재 사용하고 있는 지질 나노 입자의 원조는 정전기적으로 결합하고 플라스미드 DNA를 감싼 염화디옥타데실디메틸암모늄(DODAC)이라는 4차화된 양이온성 지질로, 융합성 이온화 가능한 DOPE를 결합시켜 형성된 안정화된 플라스미드-지질 입자(SPLP)다. 이것은 다시 친수성 폴리에틸렌글리콜(PEG)로 덮여 수용성 배양액에서 안정화되고, 생체 내 투여 시 단백질과 세포의 상호작용을 제한한다. DOPE는 세포 흡수 후 엔도솜에서 양성자화될 수 있으며, 원뿔 모양이기 때문에 엔도솜 인지질과 엔도솜 분해 이온쌍을 형성하여 성공적인 전달에 중요한 엔도솜 방출을 촉진할 수 있다.

그다음 SPLP는 네 가지 지질을 포함하는 siRNA를 갖는 안정화된 핵산-지질 입자(SNALP)로 더 개발되었다. 이온화될 수 있는 양이온성 지질, DSPC, 콜레스테롤, 그리고 PEG-lipid를 형성하는 포화된 지질 이중층. 핵산에 정전기적으로 결합하는 것과 아울러 SNALP의 이온화 가능한 지질은 융합을 일으키는 지질의 역할을 하고, 엔도솜에서 양성자화되어 엔도솜의 인지질과 막을 불안정화시키는 이온쌍을 형성한다. 이는 디스테아로일포스파티딜콜린(DSPC)이 PEG 표면 아래에서 안정적인 이중층을 형성하도록 돕는다고 알려져 있다. 콜레스테롤은 입자 내 틈새를 메우고, 지질 나노 입자-단백질 상호작용을 제한하고, 아마도 막 융합을 추진하는 것을 포함하는 여러 가지 역할을 하는 것 같다. 이온화 가능한 지질은 생리적 pH에서 중성이 됨으로써, 순환하는 어떤 양이온성 전하를 제거하지만 엔도솜 내에서 pH 6.5에서 엔도솜 방출을 촉진한다. 2018년 임상 승인된 최초의 siRNA 제품의 개발은 주로 이온화 가능한 지질을 최적화하는 데 초점을 맞추었다. 그리고 지질 나노 입자에 사용되는 PEG-lipid, 네 종류 지질의 비율, 그리고 지질 나노 입자 조립과 제조 과정에 중점을 두었다.

이온화 가능한 지질은 나중에 상용 지질인 MC3으로 대체되었고,

MC3/DSPC/콜레스테롤/PEG-lipid의 몰 비율을 50/10/38.5/1.5로 했을 때 siRNA가 표적세포를 최대로 침묵시켰다. 이 최적화 과정을 통해 역가는 200배 이상 증가했고, 이에 따라 표적 유전자를 80% 이상 지속해서 억제할 수 있었으며, 이를 바탕으로 2018년에 언패트로 (Onpattro)라는 제품으로 임상 승인을 얻게 된다.

siRNA를 위해 개발된 MC3 조합은 신종 코로나바이러스 백신의 전달을 위해 긴급 사용 승인을 받고 사용되고 있는 지질 나노 입자를 후속 개발하는 기초가 된다.

이런 mRNA-지질 나노 입자의 구조는 초저온 전자현미경을 사용한 최근 연구를 통해 mRNA-지질 나노 입자가 적은 수의 mRNA 복사본만을 가지며 mRNA가 지질 나노 입자의 중앙액을 차지하는 이온화 가능한 지질에 결합해 있음을 알 수 있었다. PEG-lipid는 DSPC와 함께 지질 나노 입자의 표면을 형성한다. DSPC는 콜레스테롤을 형성하는 이중층이며, 하전된 형태와 비하전된 형태의 이온화 가능한 지질이 지질 나노 입자 전체에 분포될 수 있다.

모더나는 뉴클레오티드가 변형된 mRNA로 암호화된 면역원을 전달하기 위해 위에 언급된 언패트로 조합으로 MC3을 사용해 전임상 및 임상 연구를 수행했다. MC3은 후에 이온화 가능한 지질로 밝혀졌으며, 이 조합을 이용하여 전달된 지카바이러스 mRNA 백신과 독감 mRNA 백신은 높은 중화역가를 나타냈고 챌린지 시험에서 동물들의 폐사와 체중 감소를 막아주었다.

이후 siRNA를 사용한 시험에서 만성질환에 반복적으로 투여해야 하는 특성을 고려했을 때 MC3의 분해 속도가 느려 독성이 유발될 수 있다는 우려가 있어, 생분해가 잘 일어나는 Lipid 319로 대체되었다. 또 MC3 알킬 꼬리보다 더 가지가 많이 달리게 하여 효력을 증가시키려는 노력도 있었는데, 그 결과 Lipid H(SM-102), Lipid 5, Lipid A9이 등장했다. 꼬리에 가지가 늘어나게 되면 원뿔 모양에 가까운 이온화 가능한 지질이 생성되고, 문자 모양 가설에 따라 막 파괴 능력이 더 커지는 것이 확인되었다.

지질 나노 입자와 유사하게 지질 유사체 나노 입자도 처음에는 siRNA 전달을 위해 개발되었다가 이후 mRNA 전달을 위해 사용되었다. MC3 대신 C12-200으로 대체하고 기타 성분과의 배합 비율을 조정한 실험을 실시하였으나 siRNA 침묵에는 영향이 없었다. 5A2-SC8을 대체한 실험에서 mRNA를 효율적으로 전달하기 위해서는 배합 비율을 조정하는 것이 필요하다는 연구 결과를 얻었다.

세포로 백신을 주입하는 방식은 면역계 활성화에 결정적 역할을 할 것이다. mRNA 백신은 일반적으로 근육 또는 피부로 주사된다. 코로나19 백신의 경우에는 보통 근육을 통해 주사된다.

이것은 효능, 단순한 투여, 저렴한 비용을 고려해볼 때 매력적인 백신 전달 방식이다. 비강으로 백신을 전달하는 방법도 강구되고 있는데, 동일한 효과를 얻기 위해서는 주사할 경우보다 투여량을 더 늘려야 한다. 지질 나노 입자를 통해 mRNA를 코로 주입하는 것은 가능할 것으로 보이지만, 점적 주입이나 에어로솔 투입 방법 등은 여전히 더 개발되어야 할 것으로 보인다.

백신 이외에 항체를 암호화하는 mRNA도 지질 나노 입자를 사용해 전달하는 연구가 진행되고 있는데, 인간면역결핍바이러스, 광견병바이러스, 비호지킨 림프종에 대한 동물시험 결과는 치사 챌린지 시험을 이겨내고 종양 성장이 완전히 억제되는 등 고무적이다. 종양 세포로 T세포를 불러모으는 이중 항체 mRNA도 트랜짓(TransIT)을 통해 전달되었는데, 현재의 지질 나노 입자만큼 효율적이지는 않다. 독감바이러스 항체를 DOTAP/콜레스테롤 지질 나노 입자를 통해, 그리고 치쿤구니야바이러스 항체를 MC3 또는 Lipid 5 지질 나노 입자를 통해 전달하였으며 특히 치쿤구니야바이러스 실험의 경우는 1상 임상시험을 할 정도로 결과가 긍정적이었다.

지질 나노 입자의 조립 및 구조

지질 나노 입자의 조립과 형성은 소수성 힘과 정전기력에 의해 추진된다. 네 종류의 지질(이온화 가능 지질, DSPC, 콜레스테롤, PEG-lipid)을 초기에 반대 전하가 없는 에탄올에 용해하면 이온화 가능 지질은 양성자화되지 않고 전기적으로 중성이다. 지질 함유 에탄올 용액을 일반적으로 3배의 mRNA가 들어 있는 pH=4 수용성 아세테이트 완충용액에 혼합해 지질 물질이 수용성 완충용액에 접촉할 때 3:1 물/에탄올 용매에서 불용성이 된 후 이온화 가능한 지질은 양성자를 받아들여 양전하를 띠게 되고, 이것은 mRNA의 음전하를 띠는 인산 골격과 정전기적으로 결합한다. 지질은 불용성이 되어 mRNA를 제제(formulation)하는 지질 입자를 형성한다. PEG 사슬은 친수성이기 때문에 입자를 코팅하고 열역학적으로 안정된 최종 크기를 결정하므로 이 과정에서 핵심 요소는 PEG-lipid다. PEG의 몰 분율을 변경함으로써 지질 나노 입자 크기를 조절할 수 있다. mRNA-지질 나노입자 현탁액이 수용성 완충용액으로 희석되거나 수용성 완충용액으로 투석 처리되어 pH를 높이고 에탄올을 제거하면 지질 나노 입자 구조와 크기가 혼합 후 계속 커진다. 액상과 지질상을 처음 혼합하면 5.5에 가까운 pH가 생성되어 이온화 가능 지질이 양성자와 결합하게 되며, mRNA 결합과 제제가 가능해진다. 희석이나 투석 또는 접선유량 여과에 의해 pH가 후속 상승하면 pH 7.4에서 대부분 하전되지 않을 때까지 이온화 가능한 지질들이 중화된다. 이온화 가능한 지질이 중성화되면 용해도가 낮아져 지질 나노 입자의 융합 과정을 추진하는 더 큰 소수성 지질 영역이 형성되어 크기가 커지고 지질 나노 입자의 핵은 주로 mRNA에 결합되는 이온화 가능 지질을 포함하는 비정형의 전자-밀집 상이 된다. 이 과정에서 무려 36개의 소포가 융합되어 하나의 최종 지질 나노 입자를 형성할 것으로 추정된다. 융합은 형광공명에너지전이(FRET) 쌍을 사용하여 제제되었고, 혼합하기 전에 PEG-lipid를 첨가한 것과 같은 방식으로 혼합 후 PEG-lipid를 첨가하여 최종 지질 나노 입자 크기를 조절하므로 이 과정에서 PEG-lipid의 역할이 더 커지는 것으로 확인되었다. 이 연구와 중성자 산란법을 사용한 다른 연구도 DSPC가 지질 나노 입자의 주변 PEG층 바로 아래에 이중층을 형성한다는 것을 보여주었는데, 이 층의 중심핵은 주로 mRNA에 결합된 이온화 가능 지질이다. 콜레스테롤은 지질 나노 입자 전체에 분포하는 것으로 생각된다.

mRNA 전달 체계의 성능 결정 요인

mRNA 전달 시스템의 성능은 여러 요인이 상호작용하여 결정된다. 첫째, 적절한 세포에 전달하고 mRNA를 효율적으로 세포질 변환 기구에 방출할 수 있는 능력, 둘째, 면역반응을 촉진할 수 있는 면역 증강성, 셋째, 주입 부위 또는 전신에 분포하는 과도한 염증 및 표적 이외의 발현으로 인해 발생할 수 있는 부작용 또는 독성 최소화가 포함된다.

투여량

대상자를 보호하는 데 필요한 투여량과 심각하고 빈번한 부작용을 야기하는 투여량의 차이는 크지 않은 것 같다. 화이자/바이오엔테크에서 시험한 두 종류의 뉴클레오티드 변형 백신 후보의 1상 임상시험에서는 회복기 혈장 대비 중화역가가 높은 반면 부작용 빈도와 심각도가 낮아서, 막에 결합하는 전장 스파이크 단백질을 암호화하는 mRNA 백신 후보인 BNT162b2가 3상 연구를 위해 선택되었다.

최근의 지질 나노 입자를 사용한 실험 결과를 보면 유효 투여량을 결정하는 데 있어 전달 체계가 중요한 역할을 하는 것은 분명하다. 이는 mRNA 및 전달체의 국소적 반응과 표적 이탈 효과를 감소시킴으로써 부작용 빈도와 심각성을 감소시킬 것으로 예상되기 때문에 투여량을 줄이고 효력을 유지하기 위해 전달 효율을 개선하고자 하는 욕구가 강하다. 또 투여량을 줄이면 필요한 원료의 양과 각 개인에게 백신을 접종하는 데 드는 비용이 감소할 것이다. 특히 현재의 코로나19 대 유행에서는 보다 효율적인 전달 시스템으로 개선될 수 있는 mRNA-지질 나노 입자 백신의 상당한 공급망과 생산능력 한계에 초점을 맞추었다.

효력 및 전달 효율성

siRNA에 의한 간세포 침묵에는 pH와 이온화 가능한 지질의 분지가 중요한 영향을 미친다. 지질 나노 입자의 이온화 가능한 지질은 pH 7.4에서 거의 중성에 가까운데, 세포 내부에 들어간 후 엔도솜의 pH는 엔도솜 경로를 통해 진화하면서 떨어지기 시작해 이온화 가능한 지질을 점진적으로 양성자화하게 되고, 이는 엔도솜의 내인성 인지질에 결합하고 그 이중층 구조를 파괴해 세포질로 mRNA를 방출하게 된다. 엔도솜 파괴는 이온화 가능한 지질의 추가적 특성, 즉 지질 꼬리의 단면이 머리 그룹의 단면보다 큰 경우에는 분자 모양 가설에 따라 엔도솜에서 더 손쉽게 방출된다. mRNA 전달을 위해 MC3을 대체한 이온화 지질은 pH 특성을 크게 변화시키지 않지만 알킬 꼬리에 더 많은 분지를 도입해 엔도솜 분해 활성을 더 높이려고 한다. 이에 따라 원뿔 모양의 형태가 증강되어 아마도 이러한 이온화 가능한 지질을 통합한 지질 나노 입자는 엔도솜 방출이 더 큰 효율적 전달 운반체가 될 것이다.

지질 나노 입자의 pH에 따른 변화와 분자 모양 가설은 지질 나노 입자 전달 효율에 기여하는 것으로 잘 알려져 있지만, 지질 나노 입자 표면의 PEG-lipid의 안정성, 궁극적으로 지질 나노 입자 초인프라 구조를 결정하는 에탄올 용액의 네 개 지질의 비율 등 다른 요소도 중요하다. PEG-lipid의 농도는 지질 나노 입자의 크기를 제어하고 이는 다시 간에서 siRNA의 침묵 효율에 영향을 미쳤다. 지름 64nm인 중간 정도의 지질 나노 입자가 mRNA 효율에 더 효율적인 것으로 나타났다. 또 PEG-lipid의 알킬 꼬리의 길이도 siRNA의 전달과 활성에 영향을 미쳤다. 꼬리가 짧으면 지질 나노 입자의 표면에 고정되지 않고 극단적인 경우 이온화 지질 및 DSPC가 급격히 소실되어 엔도솜 방출에 부정적 영향을 미치게 된다. 그런데 알킬 꼬리의 탄소를 연장하면 PEG-lipid는 엔도솜에서 이탈하지 않고 간세포에서도 유전자 침묵을 시킬 수 없었다.

엔도솜 방출

전자현미경을 사용해 엔도솜에서 빠져나간 MC3 지질 나노 입자의 비율을 측정해보니 단 2%만이 실제로 세포질로 빠져나간 것으로 밝혀졌다. 주로 지질 나노 입자의 pH 특성 조정과 이온화 지질의 원뿔 모양 형태를 증가시킴으로써 지질 나노 입자의 엔도솜 거동을 증가시키는 것이 전달 효율을 향상시키는 중심적 접근방식이다.

MC3의 두 개에 비해 세 개의 분지를 갖는 Lipid H와 Lipid 5는

MC3에 비해 엔도솜 방출이 네 배 증가했다. 아퀴타스(Acuitas) ALC-0315에서는 엔도솜 방출이 보고되지 않았다. 그러나 그 간세포 침묵은 MC3에 비해 열 배로, 더욱 원추형으로 생긴 네 개 분지 구조 또한 높은 엔도솜 방출을 유발하는 것으로 추정된다. 따라서 이러한 이온화 가능한 새로운 지질들은 MC3 siRNA-지질 나노 입자에서 알려진 2-5%에 비해 15% 이상 높은 엔도솜 방출을 달성한 것으로 보인다.

전하 및 리간드에 의한 표적

영구적으로 하전된 양이온성의 이온화하지 않는 지질을 사용한 초기 지질 나노 입자는 크기가 컸으며, 영구적인 양전하로 인해 빠르게 방출되었고 일반적으로 폐를 표적했다. 음이온 mRNA의 비율이 늘어나 순전하가 음의 값을 가질 때까지 DOTAP/DOPE mRNA-지질 나노 입자의 양이온성 DOTAP 양을 줄였다. 이러한 음으로 하전되고 큰 300nm mRNA-지질 나노 입자를 정맥 주입하여 비장을 표적하고 수지상세포의 mRNA 발현을 유도했더니, 암 면역요법에 사용할 수 있는 선천성 및 적응 면역반응이 나타났다. 이온화 가능한 지질로 C12-200 및 Cf-Deg-Lin을 사용한 프로토타입 지질 나노 입자를 사용해 비장을 표적하는 mRNA-지질 나노 입자를 생산할 수 있었다. 또 mRNA를 발현하는 비장의 주요 세포군이 B세포라는 것을 알아냈는데, 유도 세포 분석에 따르면 이 B세포의 7%에서 mRNA가 발현되었다.

보다 최근에, 지질 나노 입자에 순 양전하, 순 음전하, 순 양전하 또는 중간 정도의 중성 전하를 부여하기 위해 이온화 가능한 지질로 MC3, C12−200, 5A2−SC8이라는 세 가지 다른 기본 지질 나노 입자를 영구적으로 양이온성인 지질(DOTAP)이나 영구적으로 음이온성인 지질(18PA)의 특정 몰 분율로 섞어 전하에 의한 표적을 달성했다. 매우 양성인 지질 나노 입자는 폐를, 매우 음성인 지질 나노 입자는 비장을, 중성 수준의 지질 나노 입자는 주로 간을 표적하여 기존의 연구 결과와 일치하는 것으로 나타났다.

혈소판 내피세포 접합 분자(PECAM) 항체 접합 지질 나노 입자와 혈관세포 접합 분자(VCAM) 리간드 접합 지질 나노 입자는 각각 폐의 내피세포와 뇌 염증 부위를 표적한다는 연구 결과도 발표되었다.

특히 앞서 설명한 전하에 의한 표적 연구는 모두 정맥주사를 이용해 이루어졌으며, 근육 내 또는 피부 내 경로와 같이 접종에 일반적으로 사용되는 경로는 조사되지 않았다. 그러나 근육주사 후 발현을 분석하는 대부분의 연구는 mRNA−지질 나노 입자의 전신적인 거동을 탐지하는데, 이는 간에서 빠르고 강력하게 발현되고, 동시에 근육과 부근의 림프절에서 발현되었다. 면역원의 이러한 전신적 분포와 발현은 전신 사이토카인을 생성하고 활성화를 보완하며, 부작용의 빈도나 심각성을 증폭시키고 면역반응을 저하시킬 수 있는 다른 바람직하지 않은 영향을 초래할 수 있다.

최근에는 특정 세포 유형을 표적하는 리간드를 식별하기 위한 고속 스크리닝 방법도 개발되었으며 특정 수지상세포군을 대상으로 적용할 수 있게 되었다.

면역 증강 특성

지질 나노 입자는 자체적인 면역 증강 활성을 나타내는 것으로 알려져 있다. 지질 나노 입자 자체는 여포보조 T세포의 수가 증가하지 않았지만 배 중심 B세포 수를 네 배 증가시킨다는 면역 증강 특성을 보였다. 따라서 지질 나노 입자는 특히 뉴클레오티드 변형 mRNA-지질 나노 입자에 대한 배 중심 B세포 반응을 증폭시키는 것으로 보인다. B형간염바이러스 단백질 소단위 백신의 면역증강제로서 지질 나노 입자의 사용을 조사한 연구에서는 기존의 백신 면역증강제와 유사한 수준으로 B세포 반응이 개선되었다. 지질 나노 입자는 강력한 항원 특이적 $CD4^+$ T세포와 $CD8^+$ T세포 반응을 이끌어냈고, 2형 보조 T세포 대비 1형 보조 T세포 편향은 지질 나노 입자 내에 추가 면역증강제가 포함된 것에 더 영향을 받을 수 있다. 뎅기바이러스 백신을 사용한 이 그룹의 후속 연구에서도 지질 나노 입자와 유사한 강한 면역증강제 활성을 발견했으며 이 활성은 이온화 가능한 지질이 존재하기 때문으로 밝혀졌다.

주입 부위 반응, 안전성, 내약성, 반응성

마우스와 비인간 영장류에서 mRNA-지질 나노 입자에 대한 일반적인 안전성 연구에서는 예상되는 치료 투여량의 열 배 이상까지 올렸을 때 경미한 독성학적 증상이 발생했다. 마우스에서는 백혈구 수 증가, 모든 투여량에서 응고 지표의 변화, 그리고 간 손상이 나타났고, 비인간 영장류에서는 약간의 가역적인 보체 활성화를 동반한 림프구 결핍 현상이 나타났다. 이러한 결과는 동일한 지질 나노 입자에 대한 이전의 siRNA 전달에 대한 독성학 연구와 일치했다. 특히 이 정맥주사를 통한 투여량은 임상시험 근육주사에 사용하는 양의 열 배 이상이다. 인간 임상시험에서 사용하는 투여량은 이보다는 낮지만 때로는 국소 주사 부위 반응과 전신 부작용이 여전히 높은 빈도로 나타나고, 그 중증도는 중간 정도다.

히말라야원숭이에서 MC3 지질 나노 입자를 사용해 주입 부위와 mRNA 발현의 거동을 조사하는 광범위한 연구가 수행되었다.

주입 부위에서 나노 입자만으로 유발될 수 있는 호중구와 단구 등 급속한 세포의 침윤이 4-24시간 이내에 나타났고, 주입 부위와 부근 림프절에서 복수의 단구와 수지상세포군에 의해 mRNA가 단백질로 발현되었다.

지질 나노 입자만으로 근육주사 부위와 부근 림프절에서 사이토카인 생성이 매개되었지만 혈액 내 거동과 간 내 발현을 통해 인터류킨-6이 전신적으로 검출되었다는 점도 알려졌다. 주사 부위의 홍반과 부종은 10㎍과 100㎍을 투여한 비인간 영장류에서 모두 보고되었다.

화이자/바이오엔테크 백신의 긴급 사용 승인 이후, 접종 10만 건당 1건에 해당하는 급성 아나필락시스(anaphylaxis)가 여러 번 관찰되었는데, 이는 다른 백신을 사용했을 때 보고되는 비율의 약 열 배에 달하는 값이다. 아나필락시스의 한 가지 가능한 원인은 지질 나노 입자에서 PEG-lipid를 사용했을 때 인구 집단에 널리 존재하는 항 PEG 항체가 일부 환자에서 아나필락시스를 촉발하는 것이다. PEG 에 의한 아나필락시스는 임상 조영제와 독소루비신(doxorubicin)의 리포솜 제제에서도 언급된 바 있다. 그럼에도 불구하고 현재 신종 코로나바이러스 백신의 접종량에는 해당 제품보다 최소 열다섯 배 낮은 PEG가 포함되어 이런 가능성은 적은 것으로 보인다. 또 다른 가능성은 그 반응들이 본질적으로 아나필락시스와 유사하지만 염증이나 다른 요인에 대한 비특이적 반응이라는 것이다. 이 문제를 더 명확하게 설명하기 위한 임상 연구가 진행 중이다.

임상시험을 거친 mRNA 백신-지질 나노입자

DSPC, 콜레스테롤, PEG-lipid와 결합한 아퀴타스 ALC-0315는 화이자/바이오엔테크의 신종 코로나바이러스 시험의 전달 시스템이다. 큐어백과 임페리얼 칼리지 런던도 ALC-0315 또는 A9를 사용했을 것으로 추정된다. 모더나의 연구에서는 프로토타입 MC3 지질 나노 입자를 따르나 MC3을 Lipid H(SM-102)로 대체해 전달한다.

큐어백의 mRNA-지질 나노 입자(CVnCoV)는 아마도 이온화 가능한 지질로 ALC-0315를 사용한 아퀴타스 지질 나노 입자에 전장 S 단백질을 넣어 만들었을 것이다.

보관 및 배포

백신의 열 안정성은 특히 냉장 유통 인프라가 부족한 국가에서는 비축 및 수송에서 중요한 문제를 일으킬 수 있다.

실험실에서 만들어진 대부분의 mRNA-지질 나노 입자는 영상 4℃에서 며칠 동안 안정적이지만, 그 후에는 크기가 증가하고 루시퍼라제 발현과 같은 생물 활성이 점진적으로 떨어진다. 시간이 지남에 따라 지질 나노 입자가 응집하면서 크기가 증가하는 현상은 이전 siRNA-지질 나노 입자 시스템에서 일반적으로 관찰되었다. 저장과 유통을 위해 mRNA-지질 나노 입자 백신을 안정화시키려면 아직까지는 냉동 보관이 필요하다.

모더나 코로나19 백신은 영하 25℃와 영하 15℃ 사이에서 보관해야 하지만 영상 2-8℃ 사이에서도 최대 80일 동안 안정하며, 영상 25℃에서도 12시간까지는 안정하다. 화이자/바이오엔테크 코로나19 백신은 영하 80℃와 영하 20℃ 사이에서 보관한 후 영상 2-8℃ 사이에서 해동하여 투여 전에 식염수로 희석하기 전까지 최대 5일간 보관할 수 있다. 화이자 백신은 배포와 저장에 드라이아이스 정도의 온도를 필요로 하기 때문에 일반 냉동고를 필요로 하는 모더나 백신보다 온도 맞추기가 더 까다롭다. 두 백신 모두 동결보호제로 고농도의 설탕용액을 필요로 하는데, 보관 온도가 이처럼 차이 나는 이유는 분명하지 않다. 모더나 mRNA-지질 나노 입자는 트리스(Tris)와 아세테이트(acetate) 두 완충용액에서 냉동되지만, 화이자/바이오엔테크 백신은 인산 완충용액만 사용한다. 인산 완충용액은 침전하려는 경향이 커서 냉동시키기에는 다소 불리한 것으로 알려져 있고 얼음 결정이 생기기 시작하면 갑자기 pH가 변할 수 있다.

mRNA-지질 나노 입자를 동결건조시키기는 어려웠는데, 아크투루스(Arcturus) 사는 그들의 코로나19 mRNA 백신이 동결건조한 상태에서도 안정하다고 발표했다. 이 동결건조된 제제의 온도 안정성이 아직 공개되지는 않았지만, 만약 이것이 사실이라면 아마도 백신을 간편하게 배포할 수 있을 것이다. 트레할로오스에서 동결건조한 쿤진바이러스 유래 자가 증폭 mRNA가 4-6℃에서 보관했을 때 10개월 동안 안정적이라는 보고가 있으므로 보관 중인 RNA를 안정화하기 위해 동결건조 방법을 사용할 수 있음을 나타낸다. 또 동결건조된 프로타민 복합 mRNA 백신은 열 스트레스 조건에 노출된 후에도 영상 5-25℃에서 최대 36개월 동안 완전한 생물학적 활성을 유지하는 것으로 나타났다. 유사하게 영상 4-56℃에서 20회 온도를 변동시켜 수송 도중 냉장 유통망의 중단을 시뮬레이션해도 치사 챌린지 마우스 모델에서 동결건조한 mRNA 백신의 예방 효능에는 영향을 미치지 않았다.

열 안정성이 있고 비축될 수 있으며 동시에 여러 항원과 병원체를 표적으로 삼을 수 있는 강력한 단회 접종 mRNA 백신을 가능하게 하는 캡슐을 개발하면 다양한 질병에 대한 광범위한 유용성을 가질 것이며, 예방 접종 횟수와 빈도를 줄여 의료 종사자의 부담을 완화시킬 수 있을 것이다.

지질 나노 입자와 같은 단일 바이알 캡슐의 대안으로 전달 캡슐을 표적 mRNA와 별도로 제조하고 비축할 수 있는 2-바이알 접근방식이 개발되었다. 이 맥락에서 유화액 기반 전달체를 사용해 투여 전에 자가 증폭 mRNA를 나노 입자 표면에 결합시킨다. 유화액으로 전달된 mRNA는 여러 동물에서 강력한 면역반응을 유도하는 것으로 나타났다. 이 2-바이알 접근방식을 사용하면 새로운 전염병이 발생할 때마다 모든 표적 mRNA와 비축한 전달체를 혼합해 신속하게 접종 수요를 맞출 수 있을 것이다.

8장

신종 코로나바이러스
mRNA 백신 개발

S-2P 변이 스파이크 단백질

신종 코로나바이러스가 확산되기 시작한 2020년 1월 11일, 신종 코로나바이러스의 염기서열이 중국 과학자들에 의해 최초로 공개되었다. 코벳의 연구팀은 모더나와 공동으로 이틀 만에 백신 후보의 염기서열을 빠르게 결정할 수 있었다. 프로토타입 병원체로 사용된 메르스 코로나바이러스의 경우와 같이 mRNA-1273이라는 이 백신 후보는 mRNA 형태로 두 개의 프롤린 변이를 도입한, 뉴클레오티드를 변형한 스파이크 단백질을 만들라는 지침을 내린다. 이 mRNA 서열을 지질 나노 입자에 넣은 mRNA-지질 나노 입자를 근육 내로 주사하면 인체는 자신의 세포를 이용해 두 개의 프롤린 변이를 갖는 스파이크 단백질을 만들 수 있다. 항원제시세포가 세포막 표면에 만든 스파이크 단백질을 제시하면 일련의 면역반응이 개시된다. 한 번 항원을 경험한 세포들은 미래에 진짜 바이러스가 나타났을 때 맞서 싸울 수 있게 된다.

또 코벳은 제이슨 맥렐란과 함께 두 개의 프롤린을 변이시켜 스파이크 단백질의 구조를 효과적으로 안정화시킨다는 논문을 37일 만에 〈사이언스〉에 발표했다. 현재 사용 중이거나 개발 중에 있는 여섯 종류의 선도적인 백신 중 모더나 백신, 화이자/바이오엔테크 백신, 노바백스 백신, 얀센 백신, 사노피 백신 등 다섯 종류의 백신이 어떤 플랫폼을 사용하느냐와 관계없이 백신 항원을 안정화시키기 위해 S-2P 변이 스파이크 단백질을 이용하고 있다.

이 단백질은 백신 제조에만 사용하는 것이 아니다. 세계적인 제약회사 엘리릴리(Eli Lilly)와 캐나다에 있는 악셀라(Accelra)라는 작은 생명공학 회사는 이 프롤린 변이를 갖는 특별한 단백질을 사용해 코로나19를 중화하기 위한 강력한 항체를 공동 개발 중이다. 2020년 11월 9일 미국식품의약국(FDA)은 이 항체를 임상에 사용할 수 있도록 긴급 승인을 내주었다. 이것은 미국에서 1상 임상시험에 진입한 최초의 항체다. 또 전 세계에서 이 특별한 신종 코로나바이러스의 S-2P 단백질을 활용한 진단 검사 키트가 개발되고 있다.

원리증명 시험

마우스 실험

mRNA-1273 염기서열을 결정하고 나서 37일 만에 코벳은 백신이 마우스에서 면역반응을 일으킬 수 있다는 사실을 확인했다.

코벳은 마우스 모델에서 새로 개발한 백신 후보 mRNA-1273이 마우스에서 신종 코로나바이러스에 대한 면역반응을 효과적으로 일으키는지 확인하고 싶었다. 다시 한번 노스캐롤라이나 대학교의 바릭 연구팀과 협력하여 마우스에 적응된 신종 코로나바이러스 주를 사용해 전임상 시험을 진행했다. 이 바이러스 주는 수용체 결합 영역을 조정하여 마우스 ACE2 수용체에 결합하고, 일단 결합한 후에는 폐와 코에서 복제할 수 있는 능력을 갖게 된 코로나바이러스다. 코벳은 모더나로부터 백신을 받자마자 세 종류의 마우스 주에 두 차례에 걸쳐 백신을 주사하는 방식으로 접종을 실시했다. 1차 접종 후와 2차 접종 후에 각각 면역반응을 시험한 결과 1차 접종 후 강력한 항체반응이 유도되었고, 2차 접종 이후 이 항체반응이 강화되었다. 항체가 스파이크 단백질에 결합했을 뿐 아니라 특히 $1\mu g$을 2차 접종한 후 중화항체반응이 유도되었다. 이 정도의 mRNA-1273을 접종에 사용하는 것은 적당한 것 같았다. 이와 아울러 $1\mu g$과 $10\mu g$의 mRNA-1273을 한 차례 접종할 경우 강력한 중화항체반응을 유도한다는 사실을 알 수 있었다.

코벳은 또 mRNA-1273이 폐와 코 모두에서 바이러스 복제를 감소시킬 수 있는지 여부를 시험했다. 1㎍을 두 차례 접종하고 5주 후, 폐 안쪽에서 바이러스 복제가 일어나지 않았다. 또 네 마리 중 세 마리는 코에서 바이러스 복제가 일어나지 않았다. 그러나 0.1㎍을 접종하면 복제와 감염을 완전히 막지 못했다. 1㎍과 10㎍의 mRNA-1273을 한 차례 접종하고 7주가 지났을 때 폐에서 바이러스 복제가 일어나지 않음을 알 수 있었다. 코로나19가 발병하는 상황에서 한 차례 접종만으로 백신이 예방 효과를 나타낸다는 것은 매우 유용할 수 있다.

비인간 영장류 실험

그래서 코벳은 인간과 보다 가까운 히말라야원숭이로 백신 시험을 했다. 10㎍ 또는 100㎍의 mRNA-1273을 0주 및 4주에 두 차례 접종하고 2차 접종 후 4주 만인 8주째에 활성이 있는 신종 코로나바이러스로 챌린지 시험을 하여 예방 여부를 알아보았다. 첫 번째는 임상적으로 의미가 있고 3상 임상시험까지 진행된 100㎍과 그리고 이보다 열 배 적은 10㎍의 접종량을 사용했다. 항체반응과 T세포 반응을 측정해 면역반응이 일어났는지 여부와 상기도 및 하기도가 보호되는지를 살펴보았다. 백신 접종 전에는 신종 코로나바이러스에 대한 항체가 전혀 없었다가 한 차례의 백신 접종으로 항체반응이 4주까지 유지되었다. 그다음 mRNA-1273을 두 번째 접종하면 중화항체반응이 증가했고, 이 중화항체반응은 3-4주 동안 꾸준히 유지되었다.

코벳은 또 접종 후 4주째의 샘플을 취해 몇 가지 기능을 분석했다. 먼저 ACE2 결합 억제인데, 바이러스의 수용체 결합 도메인이 숙주의 ACE2 수용체와 결합하는 것을 차단하는 능력을 가진 항체의 양을 시험했다. 첫째, 자연 감염된 환자로부터 채취한 혈청들에 대해 시험한 결과 mRNA-1273은 코로나19에 자연적으로 감염되었다가 회복된 사람들보다 더 높은 항체반응을 이끌어낼 수 있는 것으로 나타났다. 완전히 예방하지 못하는 수준이라고 생각했던 $10\mu g$의 mRNA-1273만 사용해도 여전히 상당히 강력하게 ACE2 결합을 특이적으로 억제하는 항체반응을 이끌어낸다는 사실은 주목할 만했다.

코벳은 또 활성이 있는 바이러스를 중화시키는 항체를 실제로 조사하여 백신이 바이러스 분해 그리고 부착뿐만 아니라 복제를 방해할 수 있는지 알아보았다. 바릭의 실험실에서 개발한 감도가 높은 형광 분석법을 사용하여 활성이 있는 바이러스에 대해 회복기 혈청을 능가하는 바이러스 중화항체 역가를 갖는다는 것을 밝혔다. 이때 자연 감염 이후 중화항체반응을 나타내지 않는 사람이 1/3 정도 되었다. 백신을 맞은 동물들이 모두 회복기 혈청보다 높은 중화항체 역가를 나타냈다.

따라서 mRNA-1273은 코벳이 유도하고 싶었던 T세포 반응을 유발할 수 있다는 점이 분명해졌다. 코벳은 또 보조 T세포 반응을 살펴보았는데, 보조 T세포 반응이 대부분 특히 호흡기 바이러스 백신의 경우 부작용과 상관관계가 있기 때문이다. 2형 보조 $CD4^+$ T세포

유도반응은 호흡기세포융합바이러스나 홍역처럼 일부 호흡기 바이러스 감염 환자 그리고 메르스 코로나바이러스의 동물모델에서 나타나는 백신 연관 호흡기 질환 악화와 관련되는 것으로 알려져 있다. 이전의 백신에서 얻은 데이터에 의하면 2형 보조 T세포보다 1형 보조 T세포에 더 치우친 반응을 유도하면 백신 연관 호흡기 질환 악화(VAERD)가 유도될 가능성이 더 적었다. 그 결과 100㎍의 mRNA-1273을 접종받은 동물 일곱 마리 중 일곱 마리 모두 1형 보조 CD4$^+$ T세포 반응을 나타냈고, 그중 두 마리만이 아주 낮은 2형 보조 T세포 반응을 나타냈다. 연구팀이 바라는 대로 이것은 1형 보조 T세포 반응으로 치우쳤고 2형 보조 T세포 반응은 미미함을 알 수 있었다. 백신은 또한 이 동물들에서 여포보조 T세포들을 자극했는데, 항체반응에 대해 알려진 사실과 부응한다.

연구팀은 또 바이러스 초기 복제를 감지하는 하위유전체(subgenomic) RNA 분석으로 백신을 접종한 동물에서 하기도와 상기도의 바이러스 복제 능력을 살펴보았다. 그 결과 100㎍이나 심지어 10㎍을 접종해도 하기도에서 바이러스 복제가 신속하게 차단되는 것을 알 수 있었다. 이제까지 상기도에서 바이러스를 예방할 수 있는 백신은 문헌으로 보고된 적이 없다. 그러나 100㎍의 mRNA-1273을 접종받은 모든 동물들은 이틀 만에 코에서 바이러스가 제거된 것으로 나타났다. 상기도 및 상기도 모두에서 바이러스 복제가 차단되었다는 것은 백신이 신종 코로나바이러스의 예방뿐만 아니라 전파와 관련해서도 중요한 의미가 있음을 알려준다.

코벳의 연구팀은 동물모델에서 면역원성을 이해하는 연구를 하면서 동시에 모더나 백신의 1상 임상시험용 의약품 제조 및 품질관리 기준에 따른 생산을 개시했다. 그래서 모더나는 mRNA-1273 서열을 결정하자마자 제조를 시작해 생산을 개시하고서 한 달이라는 짧은 기간 내에 임상시험을 위한 의약품을 출하할 수 있었다. 이는 신속한 백신 개발을 생각할 때 mRNA 유전자 기반 플랫폼이 얼마나 강력한 것인지를 알려준다. 이렇게 하여 신종 코로나바이러스의 염기서열이 발표되고 66일 만에 1상 임상시험이 시작되었다.

최초의 mRNA 백신 임상시험

일반적인 백신 개발 과정에서 과학자들은 전임상 시험과 임상시험 등 순서에 따라 단계를 밟을 것이다. 그러나 백신이 매우 신속하게 개발되어야 했기 때문에 이 백신 개발 과정에서 모든 일들이 동시에 진행되었고 위험한 일도 벌어질 뻔했다. mRNA-1273의 서열을 결정하자마자 모더나는 임상 등급의 백신 생산을 추진했고, 생산을 추진하고 41일 만에 임상의약품을 출하했다. 그리고 코벳의 연구팀은 이미 같은 베타 코로나바이러스 계열인 메르스 코로나바이러스를 프로토타입 병원체로 연구한 경험이 있었기 때문에 매우 빨리 1상 임상시험에 진입할 수 있었다.

mRNA-1273은 곧 두 가지의 1상 임상시험을 거쳤는데, 그중 하나는 66일 만에 워싱턴주 시애틀에서 리사 잭슨에 의해 시작된 첫 번째 임상시험이다. 이 임상시험은 18-55세 사이의 젊은 성인을 대상으로 세 가지 다른 양(25, 100, 250μg)의 mRNA-1273을 접종했다. 그리고 에모리에서 에번 앤더슨(Evan J. Anderson) 박사가 주도한 두 번째 임상시험에서는 56세 이상의 나이 든 성인들에게 추가로 25 및 100μg의 mRNA-1273을 0주와 4주에 두 차례 접종하고 조사했다. 이 연구는 사람에서 다양한 접종량에 따라 어떻게 반응이 다르게 나타나는지 그리고 2상 임상, 3상 임상으로 진행할 접종량의 유형에 대한 정보를 얻기 위해 수행되었다. 또 나이 든 성인에게 코로나19가 얼마나 위험한 질환인지, 이 백신이 더 나이 든 성인 집단에도 효과가 있는지 두 가지를 알기 위해 디자인되었다.

표준 백신 중화 분석을 통해 첫 번째 임상시험에 등록한 젊은 성인들의 중화항체반응을 살펴보면 몇 가지 주목할 만한 점이 있다. 첫 번째는 투여량에 따른 S-특이적 항체반응을 평가했는데, mRNA-1273을 25μg과 100μg으로 각각 접종해도 매우 강력한 항체반응을 유도할 수 있는 것으로 나타났다. 두 번째는 1차 및 2차 접종 반응이 매우 뚜렷한 것으로 나타났다. 1차 접종 후 매우 강력한 S-특이적 항체반응이 유도되었다. mRNA-1273을 1차 접종하면 S-특이적 결합 항체의 종말점 역가가 약간 증가하는데, 2차 접종 후에는 종말점 역가가 열 배 정도 증가했다. 이 항체는 57일째까지 감소하지 않았고 회복기 혈청보다 높았다. 그러나 100μg을 접종해도 2차 접종까지 100% 백신 중화항체반응을 얻을 수 없었고, mRNA-1273을 2차 접종한 이후에는 코로나19에 걸렸다가 회복된 사람에게서 채취한 회복기 혈청보다 상위 4분위수의 매우 높은, 스파이크 단백질에 특이적인 항체반응을 얻을 수 있었다. 이 백신 중화항체반응에서 mRNA-1273을 1차 접종한 이후 미미한 반응을 나타냈거나 전혀 반응을 나타내지 않았더라도 mRNA-1273을 2차 접종한 이후 1상 임상시험에 참여한 100명 중 45명이 신종 코로나바이러스 스파이크 단백질에 강력한 중화항체반응을 나타냈다. 또 이들은 회복기 환자 혈청의 상위 4분위수 내에 있었다.

나이 든 성인에서는 어떤 결과가 나타났을까? 56-70세, 그리고 71세 이상의 나이 든 성인들의 중화항체반응을 젊은 성인들의 것과 비교하면, 3상으로 진입한 100μg의 mRNA-1273을 접종한 나이 든 성인들에서도 젊은 성인들과 마찬가지로 2차 접종 이후 강력한 중화항체반응이 유도됨을 알 수 있었다. 모든 연령 집단에서 높은 수준의 중화항체 수준을 유도하는 것으로 나타났는데, 이것은 백신이 나이 든 성인에서 동일한 유형의 백신반응을 나타내지 않는다고 생각되었기 때문에 고무적인 결과다. 그리고 면역반응은 때때로 노인 집단에서 약화되기 때문이다.

부작용은 중증도에서 경미하거나 중등 정도였으며, 접종량이 늘어나면 부작용 빈도도 커졌고, 2차 접종 후에는 더 많은 사례가 보고되었다. 부작용은 피로감, 오한, 두통, 근육통, 그리고 주사 부위의 통증이었다. 심각한 부작용은 보고되지 않았고 미리 명시된 원칙에 따라 시험이 중단된 사례는 없었다.

결론적으로, 이 백신 후보는 동물모델에서 면역반응을 잘 일으키고, 예방 능력이 크며, 인간에서도 강력한 면역반응을 유도했다. 신종 코로나바이러스 백신인 mRNA-1273의 경우에도 동물모델의 전임상 시험과 1상 임상시험에서 면역반응과 예방 효과가 높아지는 것으로 나타났다.

모더나 백신

모더나의 mRNA 백신인 mRNA-1273 백신은 신종 코로나바이러스와 융합하기 이전의 안정화된 형태로 스파이크 단백질을 암호화하는 지질 나노 입자 제제 mRNA 백신이다. 3상, 플라시보 대조, 관찰자 맹검, 다기관 임상시험에서 30,420명의 지원자를 무작위로 배정해 28일 간격으로 100μg의 mRNA-1273 또는 플라시보를 근육 내로 투여했다.

주요 평가변수는 백신을 접종하기 전 신종 코로나바이러스에 감염되지 않은 참가자가 2차 접종 후 14일 이상 경과했을 때 발병한 분자적으로 확인된 증상이 있는 신종 코로나바이러스 감염이었다. 코로나19 확진자는 플라시보군 195명, 백신접종군 11명으로 백신 효능은 94.1%였다. 백신 그룹이 아닌 30명에서 중증 코로나19 감염 사례가 확인되었다.

안전성 평가에는 각 주사 후 7일 동안 예측된 국소 및 전신 부작용이 포함됐다. 그리고 각 주사 후 28일 후에 원치 않는 이상반응이 나타났다. 주사 부위 이상반응은 플라시보군(19.8%)보다 백신접종군(84.2%)에서 더 빈번하게 나타났다. 가장 흔한 부작용은 통증이었다. 전신적 이상반응은 플라시보군(42.2%)보다 백신접종군(54.9%)에서 더 자주, 1차 접종 후보다 2차 접종 후에 더 자주 발생했다. 과민반응은 백신접종군과 플라시보군에서 각각 1.5%와 1.1%가 보고되었다. 참가자의 1% 이상에서 주사 후 28일 이내에 보고된, 예측하지 못한 가장 흔한 이상반응은 피로(백신접종군과 플라시보군에서 각각 1.5%, 1.2%)와 두통(백신접종군과 플라시보군에서 각각 4%, 0.9%)이었다.

결론적으로 mRNA-1273 백신은 코로나19 예방에서 94.1%의 효능을 보였고, 일시적인 국소 및 전신 반응을 제외하고는 안전에 문제가 없는 것으로 나타났다.

2020년 12월 18일, FDA는 모더나 2회 투여 백신을 긴급 사용 승인했다. 그 이후 전 세계의 많은 사람들이 코벳의 실험실에서 개발한 백신을 접종받았다.

화이자/바이오엔테크 백신

화이자/바이오엔테크에서 개발한 mRNA 백신인 BNT162b2의 임상시험 자료는 모더나 백신에 비해 상대적으로 적다. BNT162b2 백신도 두 개의 프롤린 변이에 의해 융합 이전 구조로 고정시킨 신종 코로나바이러스의 스파이크 단백질을 암호화하는 뉴클레오사이드 변형 RNA를 지질 나노 입자로 포장한 것이다.

다국적, 2/3상, 플라시보 대조, 관찰자 맹검, 무작위 임상시험을 통해 BNT162b2 백신의 유효성과 안전성을 평가했다. 16세 이상의 건강하거나 만성질환이 있는 참가자를 1:1로 무작위 배정하여 21일

간격으로 백신 또는 식염수 위약을 30㎍ 용량으로 2회 접종했다. 주요 평가변수는 두 번째 접종 후 최소 7일 후에 발병한 확인된 코로나19에 대한 백신의 효능이었다. 사전에 신종 코로나바이러스에 감염되지 않은 36,523명의 참가자에서 코로나19는 백신접종군에서 8명, 플라시보군에서 162명이 발병하여 95%의 백신 효능을 보였다.

백신 또는 플라시보를 투여받은 모든 참가자 가운데 특이적인 국소 반응 또는 전신 반응을 나타내는 사례를 보고하였다. 16-55세의 참가자에서 주사 부위의 통증, 피로 또는 두통을 보고한 사람은 백신 1차 접종 후 각각 83%, 47%, 42%로 나타났다. 플라시보를 첫 번째 투여한 후 각각의 증세를 보인 경우는 14%, 33%, 34%로 나타났다. 55세 이상의 참가자에서 주사 부위의 통증, 피로 또는 두통은 백신 1차 접종 후 각각 71%, 34%, 25%였고, 플라시보 1차 접종 후에는 9%, 23%, 18%로 나타났다. 부작용은 나이가 많은 백신 수혜자에게서 덜 일반적이었다. 이것은 다른 백신과 관련된 이상반응과 유사한 이상반응이었으며 특이사항은 발생하지 않았다. 백신접종군 및 플라시보군 모두에서 대부분의 부작용은 가볍거나 중간 정도였다. 심각한 부작용은 백신접종군의 0.6%와 플라시보군의 0.5%에서 나타났다. 결론적으로 BNT162b2 백신을 2회 투여하면 코로나19 예방에 95%의 효능을 보였다.

큐어백 백신

2021년 6월 중순경 mRNA 백신 후보로는 세 번째로 큐어백(CVn-CoV)의 2b/3상 시험의 효능 결과가 발표되었다. 모더나 백신과 화이자/바이오엔테크 백신의 효능이 90% 중반으로 상당히 높은 값을 보인 데 비해 큐어백 mRNA 백신은 그 절반인 47%에 불과한 것으로 나타났다.

CVnCoV가 이처럼 낮은 효능을 보이는 원인으로는 변형하지 않은 뉴클레오티드를 사용하고, 면역원성을 낮추기 위해 사용한 백신의 양을 줄인 것이 지목되었다.

CVnCoV 효능에 미치는 용량 및 면역원성의 잠재적 효과를 조사하기 위해 이제까지 개발된 세 가지 mRNA 백신인 CVnCoV, mRNA-1273 및 BNT162b2에 대한 시험관 내 중화역가에 대한 데이터를 구해 비교했다. 그 결과 CVnCoV의 낮은 중화역가는 mRNA-1273 및 BNT162b2를 더 낮은 용량으로 투여했을 때 관찰할 수 있는 역가와 일치했다.

관찰된 백신 효능에 영향을 미치는 것으로 제안된 또 다른 요인은 CVnCoV 임상시험 중에 유행한 신종 코로나바이러스 변이체 바이러스였다. 다른 8개 백신의 승인을 위해 사용된 1차 3상 연구에서는 (백신 면역원으로 사용된 스파이크 단백질과 일치하는) 조상 바이러스가 주로 유행하는 균주였다. 그러나 보다 최근의 비무작위 연구에서 신종 코로나바이러스 변이체에 대한 일부 백신의 효능이 감소된 것으로 나타났다. 시험관 내 연구에 따르면 조상 바이러스에 비해 많은 신종 코로나바이러스 변이체에서 중화역가가 상당하게 감소하며, 이런 효과는 회복기 및 백신 접종 대상자의 혈청을 사용해도 관찰되었다. CVnCoV 3상 시험에서 감염 바이러스는 대부분 아주 다양한 유행 신종 코로나바이러스 변이체로 구성되었다. 예를 들어, CVnCoV 시험에서 사용한 알파(B.1.1.7) 변이체에서는 다른 mRNA 백신에서 사용한 조상 바이러스에 비해 중화역가가 2.3배 감소했고, 약 41%의 효능을 나타냈다. 유사하게 베타(B.1.351), 감마(P.1) 및 델타(B.1.617.2) 변이체에서는 중화역가가 각각 5.8배, 3.2배 및 6.3배 감소하는 것으로 나타났다.

변이체에서 관찰된 효능은 다른 mRNA 백신에 대해 보고된 바와 같이 조상 바이러스에 대한 초기 중화역가 대비 변이체에 대해 예상되는 중화역가 감소와 일치하는 것으로 나타났다.

결론적으로, 다른 mRNA 백신보다 낮은 접종량과 신종 코로나바이러스 변이체의 중화 능력 감소 효과 모두가 CVnCoV 시험에서 보고된 낮은 효능에 상당히 기여한 것으로 보인다.

9장

mRNA 백신의 생산

기본 원리

이 장에서는 팬데믹에 대응하기 위해 mRNA 백신을 생산하는 과정을 예시하려 한다. 공정의 대부분이 특허에 묶여 있고 기밀사항이라 구할 수 있는 자료가 한정적이었다. 화이자가 2021년 초 자사의 백신 제조 공정을 부분적으로 언론사에 개방했기 때문에 이 장은 주로 화이자의 공정에서 예를 취했다. 화이자의 mRNA 백신 제조와 품질 관리 공정은 세 개의 시설에서 이루어지며 완료되는 데 두 달 정도 걸린다.

mRNA 백신 제조의 기본 원리는 다음과 같다.

기존의 mRNA 백신 및 자가 증폭 mRNA 백신은 모두 진핵성

mRNA의 필수 요소를 공유한다. 캡 구조(m7Gp3N [N, 모든 뉴클레오티드]), 5′ UTR, 단백질 암호화 부분, 3′ UTR 및 40−120개의 아데노신 잔기(폴리−[A] 꼬리)를 갖는다.

[그림 1] mRNA의 구조

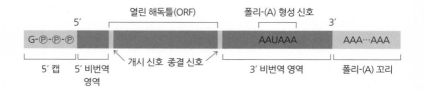

두 종류의 mRNA는 선형화된 플라스미드 DNA 주형에서 효소 전사반응을 사용하여 무세포 시스템으로 생산된다. 서로 다른 질병을 표적하는 mRNA 백신을 제조할 때는 RNA 분자의 전체 물리·화학적 특성에 영향을 주지 않고 표적 항원을 암호화하는 서열을 교체할 수 있다.

RNA 생산의 첫 번째 단계는 DNA 의존성 RNA 중합효소(예: T7, SP6 또는 T3)에 대해 결합 친화도가 높은 프로모터 서열과 특정 mRNA 백신을 암호화하는 서열을 포함하는 플라스미드 DNA를 구성하는 것이다. 플라스미드 DNA를 제한효소로 선형화해 DNA 의존성 RNA 중합효소를 사용하는 시험관 내 전사(IVT) 반응의 주형으로 사용한다. 효소는 주형을 따라 이동하여 주형의 끝에서 떨어질 때까지 RNA 전사체를 신장시킨다. 그런 다음 DNA 가수분해효소와 함께 배양해 주형 DNA를 분해하고 캡(m7Gp3N)을 mRNA의 5´ 말단에 효소적으로 추가한다. 또는 시험관 내 전사반응 중에 단일 단계 과정을 끼워 넣어 합성 캡 유사체를 추가할 수 있다. 5´ 캡 구조의 존재는 생체 내에서 효율적인 번역을 위해 중요하며 세포 내의 RNA 가수분해효소로부터 mRNA를 보호한다.

합성이 완료되면 mRNA를 정제하여 효소, 잔류 주형 DNA, 잘린 전사체, 또는 비정상적인 이중가닥 전사물 등 반응 성분들을 제거해 정제한다. 오염물질이 비특이적이거나 바람직하지 않은 선천적 면역반응을 일으킬 수 있기 때문에 mRNA 백신의 효능을 위해서는 RNA 원료의약품을 고도로 정제하는 것이 매우 중요하다. mRNA에서 이중가닥 RNA(dsRNA) 오염물질을 정제하면 체내 번역이 향상되고 선천적 면역이 활성화되는 것을 줄일 수 있다. 이는 RNA 기반 유전자 치료 및 CAR-T세포 치료가 성공적으로 응용되는 데 중요하다. 정제 후 mRNA는 사용을 위해 최종 저장 완충액으로 교환해 전달 캡슐에 넣는다.

이러한 접근방식은 배치(batch) 간의 가변성이 낮은 거의 모든 mRNA 서열을 생산하는 데 적합하며 다른 백신 플랫폼에 비해 시간과 비용을 절감할 수 있다. mRNA 원료의약품과 완성의약품은 동일성, 외관, 함량, 무결성, 잔류 DNA, 내독소 오염 및 무균성을 평가하기 위해 시험 및 공정 중 분석을 거친다. mRNA가 표적세포로 전달된 뒤에 원하는 단백질 산물로 번역되는 능력을 평가하기 위해 역가시험이 사용된다. 특정 mRNA 구성물에 따라 전술한 절차는 변형 뉴클레오티드, 캡씌우기 전략 또는 정제 프로토콜을 수용하기 위해 약간 변경될 수 있다.

mRNA를 생산하는 데 필요한 모든 성분은 의약품 제조 및 품질관리 기준 등급으로 사용할 수 있으며 연간 최대 3천만 접종분의 RNA 기반 제품을 생산하도록 설계된 산업 규모의 시설이 구축되고 있다.

신종 코로나바이러스에는 사람의 세포로 들어가는 데 사용하는 스파이크 단백질이 돌출해 있다. 이 단백질은 백신이나 치료의 매력적인 표적이 된다. 모더나 백신 및 화이자/바이오엔테크 백신은 바이러스의 유전정보에 기초해 스파이크 단백질 mRNA를 만들고, 이 mRNA 절편을 지질 나노 입자로 포장한다.

깨지기 쉽기 때문에 mRNA는 수송이나 저장 시 냉동이나 냉장 조건에서 보관해야 한다. 근육주사 후에 mRNA-지질 나노 입자는 세포막과 융합해 세포 내부에서 mRNA를 방출한다. 인체 내에서 세포의 분자 기구는 그 서열을 읽고 스파이크 단백질을 만든다. 백신의 mRNA는 결국 세포에 의해 파괴되어 영구적인 흔적을 남기지 않는다.

생산 공정

백신 생산은 원료의약품 생산(일명 활성 성분 생산, 대량 생산 또는 1차 제조)과 의약품 제조(일명 분획, 포장 및 마무리 또는 2차 제조)라는 두 가지 주요 단계로 구성된다. 이 두 가지 생산 과정은 보통 서로 다른 지역

[그림 2] 시험관 내 전사와 캡씌우기를 사용한 mRNA 백신 생산 공정

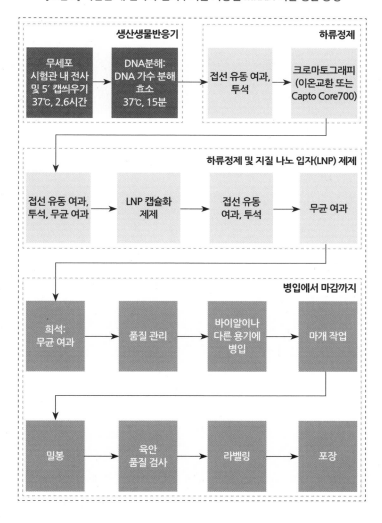

에서 이루어지며, 서로 다른 장비, 시설, 품질관리 방식 및 전문 지식이 필요하다. 원료의약품 생산 및 의약품 제조 공정은 모두 엄격한 규제 지침을 따르며, 제품 안전성과 효능 및 제품 품질을 보장하기 위해 임상의약품 제조 및 품질관리 기준을 준수해야 한다. mRNA 백신 제조에 필요한 단계는 [그림 2]와 같다.

mRNA 백신 플랫폼의 이점

mRNA 백신 플랫폼은 다른 백신 플랫폼 기술에 비해 몇 가지 점에서 아주 유리하다. 기존의 세포 기반 발현 기술은 생물학적 조건을 신중하게 최적화해주어야 하는 대형 생물반응기(예: 2000ℓ)에서 세포를 배양해야 하는데, 세포는 배양할 때마다 약간씩 달라질 수 있다. mRNA 백신은 세포를 필요로 하지 않고 생화학적 합성 공정을 통해 생산되므로 적어도 다음과 같은 일곱 가지 장점이 있다.

1. **단순한 공정:** mRNA 백신은 특히 원료의약품 생산 공정에서 세포 기반 백신에 비해 필요한 단계가 더 적다. 백신 생산에서의 반응 혼합물 또한 mRNA 백신이 세포 기반 백신에 비해 더 성분이 적고 더 잘 규정되어 있다. mRNA 백신 생산 과정의 반응 혼합물은 세포, 세포 파편, 단백질, 염색체 DNA, 지질 및 세포가 방출하는 복합당에 대한 영양소를 포함하지 않기 때문이다. 반응 혼합물이

단순하므로 이후의 공정도 덜 복잡하다.

2. **표준 공정:** mRNA 백신 생산 공정이 확립되면 생물학적 변동 가능성도 줄어든다. 살아 있는 세포는 복잡하고 상호 연결된 기능을 수행한다. 때때로 예측할 수 없는 행동을 하여 생산량 감소와 같은 예상치 못한 결과를 초래할 수 있다. mRNA 백신은 이 복잡성을 대부분 우회하여 생산한다.

3. **빠른 생산:** 백신 활성 성분인 mRNA 분자의 생산은 2-6시간 내에 완료될 수 있다. 효소에 의한 mRNA의 합성, 정제, 그리고 제제 등 mRNA 백신의 전체 생산은 품질관리 시험에 필요한 시간을 제외하면 며칠 내에 완료될 수 있다. 예를 들어, 화이자/바이오엔테크는 3-7일 간격으로 배치를 생산하는데, 품질관리에는 4-5주가 소요된다. 대조적으로, 세포 기반 백신의 배치를 생산하려면 세포를 특정한 부피와 양으로 성장시키는 데 많은 시간이 필요하기 때문에 몇 개월이 걸릴 수 있다. 1일 생물반응기 *l*당 용량으로 표현되는 mRNA 백신 생산의 생산성은 대부분의 세포 기반 백신 생산 공정에 비해 2-4배 더 높다.

4. **소규모 시설과 장비:** mRNA 백신은 세포 기반 백신 생산에 일반적으로 사용되는 것(예: 2000*l*)보다 훨씬 작은 생물반응기(예: 30-50*l*)에서 생산할 수 있다. mRNA 백신 생산 공정은 대용량의 완충 용액을 필요로 할 수 있지만, mRNA 백신 생산 공정은 소규모 시설에서도 구현될 수 있다. 예를 들어, 기존의 세포 기반 백신 생산 시설에 여러 개의 백신 생산 공정이 배치될 수 있다.

5. **저비용의 자본:** 소규모의 특성을 감안할 때 mRNA 백신의 경우

더 저렴하게 생산 공정을 설치하고 시설 관련 비용을 충당할 수 있다.

6. **기존 시설의 활용:** mRNA 백신 생산을 수용할 수 있는 기존 시설의 수는 새로운 세포 기반 백신 생산 공정을 구축하기 위해 일반적으로 사용할 수 있는 시설의 수보다 많다. 작은 규모라는 특성 외에도 mRNA 백신 생산은 환경으로부터 완전히 차폐될 수 있다는 특성이 있다. 따라서 낮은 등급의 청정실에서 생산할 수 있다. mRNA 백신 생산 공정은 원칙적으로 다른 백신, 단일클론항체(mAb), 인슐린, 수의학 백신 및 다른 생물 제제와 주사제를 생산하는 데 사용되던 기존 시설의 청정실에 설치할 수 있다.

7. **새로운 변종 또는 새로운 바이러스 위협에 대한 신속한 용도 변경 가능:** mRNA 백신은 생산 플랫폼이 질병 표적에 구애받지 않기 때문에 빠른 개발 및 생산 일정이 가능하다. 상이한 백신 또는 후보 백신 단백질 항원으로 번역되는 상이한 RNA 서열은 동일한 공정을 사용해 생산할 수 있다. 이 생산 과정에서 변경해야 하는 유일한 구성 요소는 RNA를 효소에 의해 합성하는 기반이 되는 주형 DNA다. 나머지 재료, 장비, 소모품, 단위 작업, 제제 구성 요소, 병입 및 마감 공정, 품질 관리 및 품질 보증 방법은 새로운 백신 항원을 암호화하는 새로운 RNA 서열을 생산하는 것으로 전환할 때 바뀌지 않은 상태로 유지된다. 이런 유연성은 장기적인 지속 가능성을 보장하는 데 도움이 될 수 있다.

mRNA 백신 생산의 규모 확대와 관련해 잠재적인 문제로는 특히 다른 종류의 백신에 비해 신기술 사용 경험이 있는 생산 및 품질 전문가 풀의 제한, 필요한 양의 원료(예: 양이온성 지질)를 신속하게 조달하는 어려움 등이 있다. 그럼에도 불구하고 mRNA 백신 플랫폼의 제조가 유리한 점은 코로나19 대응 과정에서 입증되었다. mRNA 제조업체는 현재 2021년 말까지 백신 접종분 생산에 대한 최소 예측을 높이고 있는 몇 안 되는 제조업체 중 하나다. 모더나는 상업적 규모로 생물제제를 제조한 경험이 있지만 백신 생산 경험이 부족한 기관인 론자(Lonza)와 제휴했다. 바이오엔테크는 암 생물제제 제조 시설을 백신 제조 시설로 전환하고 불과 6개월 만에 직원 교육을 마쳤다.

전 단계: DNA 주형의 생산

mRNA 백신의 원료가 되는 DNA 주형은 플라스미드의 상태로 영하 150℃에 보관된다. 각 플라스미드에는 사람 세포가 코로나바이러스 단백질을 만들어 면역반응이 일어나게 하는 유전적 지침을 포함한 코로나바이러스 유전자가 들어 있다.

녹인 플라스미드를 대장균의 세포 안에 넣는다. 이 변형 박테리아를 배양액이 들어 있는 플라스크에 넣고 저어주면서 박테리아가 증식될 수 있는 환경을 만들어준다. 박테리아를 하루 동안 배양한 후 300*l*의 배양액을 포함하는 대형 발효조로 옮긴다. 발효가 완료되면 박테리아를 파괴할 수 있는 화학물질을 첨가하고 세포에서 플라스미드를 꺼낸다. 이 혼합물을 정제해 박테리아를 제거하고 플라스미드만 남긴다. 플라스미드가 순수한지 검사하고 그 안에 들어 있는 코로나바이러스 스파이크 단백질 유전자 서열이 원래의 것에서 변화하지 않았는지 확인한다. 플라스미드가 시험을 통과하면 제한효소를 넣어 코로나바이러스 스파이크 단백질 유전자만을 잘라내어 선형 DNA로 만든다. 이 선형 DNA가 mRNA 백신을 만드는 주형이 된다. 남아 있는 박테리아나 플라스미드 단편을 거르고 나면 1l 정도의 순수한 DNA가 남는다. 이 DNA를 다시 시험하고 다음 공정을 위한 주형으로 사용한다.

한 병의 DNA에서 대략 150만 접종분의 백신을 생산할 수 있다. 체스터필드 공장은 화이자가 코로나19 백신을 위한 플라스미드를 유일하게 공급하는 곳이다. 그러나 백신의 다음 공정은 다른 두 곳의 공장에서 이루어진다. 각 DNA병은 냉동되어 백에 담기고 밀봉 포장된다. 이때 수송 과정 중에 온도를 확인하기 위해 작은 온도 모니터도 함께 포장된다. 충분한 드라이아이스를 넣어 온도를 영하 20℃로 낮춘 컨테이너에 48병까지 포장한다. 훼손을 막기 위해 컨테이너를 잠그고 매사추세츠주 앤도버의 화이자 연구 및 제조 시설로 운송한다. 다른 컨테이너는 유럽과 다른 곳에서 사용하기 위해 독일 마인츠의 바이오엔테크 시설로 보낸다.

원료의약품 생산: 시험관 내 전사반응

mRNA 백신은 원료의약품 생산 공정의 혁신을 나타낸다. [그림 2]에 표시한 바와 같이, mRNA 원료의약품 생산 과정은 mRNA가 합성되는 생화학적 반응을 수행하는 것으로 시작된다.

mRNA 백신 생산을 위한 이 시험관 내 전사반응은 모든 반응 성분을 생물반응기에 추가하는 것으로 시작된다. 이러한 반응 구성 요소는 다음과 같다.

- 뉴클레오티드(아데노신-5′-삼인산[ATP], 1-메틸슈도우리딘-5′-삼인산[변형-UTP], 시티딘-5′-삼인산[CTP], 구아노신-5′-삼인산[GTP]).
- 선형 주형 DNA(대장균에서 대량 생산 가능, 제한효소를 사용하여 선형화).
- T7 RNA 중합효소(대장균에서 생산) 및 RNA 가수분해효소 억제제.
- 5′ 캡 유사체(예: CleanCap AG).
- 스퍼미딘, 디티오트레이톨(DTT), 염화마그네슘(MgCl2), (피로인산염 부산물을 분해하고 결과적으로 마그네슘 보조인자 농도를 유지하기 위한) 피로인산분해효소.
- RNA 가수분해효소가 들어 있지 않은 정제수 및 pH를 유지하기 위한 완충용액(예: Tris-HCl).

완료하는 데 약 2-6시간 소요되는 이 반응에서 T7 RNA 중합효소는 선형 주형 DNA가 제공하는, 신종 코로나바이러스 스파이크 단백질을 암호화하는 서열 정보에 따라 네 가지 조립 단위를 서로 연결한다. 이 반응에서 형성된 뉴클레오티드의 선형 사슬은 백신의 mRNA를 구성한다. 폴리아데닐레이트 꼬리(폴리-[A] 꼬리)도 DNA에서 전사되어 시험관 내 전사반응 동안 mRNA에 추가된다.

mRNA의 시작 부분에 있는 5´ 캡 구조(예: CleanCap AG)는 전사와 동시에 캡씌우기(co-transcriptional capping)라는 접근방식으로 mRNA가 시험관 내 합성되는 동안 또는 합성된 후에 통합될 수 있다. 5´ 캡은 mRNA가 (바이러스 등) 외래의 RNA로 인식되지 않고 인체의 것으로 인식되어 세포에서 작용할 수 있도록 하는 데 필수적이다.

1-메틸슈도우리딘-5´-삼인산은 면역원성을 감소시키고 mRNA 번역 능력 및 생물학적 안정성을 증가시키기 위해 야생형의 비변형된 우리딘-5´-삼인산 대신 사용되며, 이는 mRNA 백신에서 핵심 기술이다. 모더나와 화이자/바이오엔테크 백신은 1-메틸슈도우리딘-5´-삼인산을 사용하지만 큐어백 백신 후보는 이를 사용하지 않는다. 최근 큐어백이 만든 백신 후보는 임상시험에 실패했는데, 이는 변형되지 않은 우리딘-5´-삼인산을 사용하면서 면역원성을 낮추기 위해 접종량을 줄였기 때문인 것으로 판단된다.

1-메틸슈도우리딘-5´-삼인산을 포함하는 5´ 캡을 가진 mRNA의 합성 이후에 DNA 가수분해효소를 생물반응기에 추가해 선형 주형 DNA를 분해한다. 이를 위해 DNA 가수분해효소 I을 사용할 수 있다. DNA 가수분해효소 I의 활성은 칼슘 이온이 있을 때 가장 높으므로 염화칼슘(CaCl2) 또한 DNA 가수분해효소 I 효소와 함께 생물반응기에 첨가된다. 효소는 몇 시간 이내에 DNA 주형을 읽어 mRNA 가닥들을 만든다.

정제 및 제제

전사반응이 완료되면 주형 DNA를 분해시킨 후, 전사가 제대로 이루어지지 않았거나 분해된 RNA 절편들과 반응물들이 포함된 수용액에서 활성을 갖는 전장(온전한 길이의) 5´ 캡을 가진 mRNA를 분리·정제한다. 크기, 전하, 친수성, 특정 리간드에 대한 결합 친화성 등의 차이를 기반으로 mRNA를 분리 정제할 수 있다. 주형 DNA를 분해한 후, 혼합물 중 분자량이 가장 큰 것은 2.5MDa의 분자량을 갖는 mRNA 산물이며, 그다음으로는 이보다 분자량이 100배 작은 효소(예: T7 RNA 중합효소는 ≈0.1MDa)다. DNA 가수분해효소 I은 ≈0.03MDa다. 분자량의 차이가 이처럼 크기 때문에 크기에 따라 각 성분을 분리할 수 있다.

mRNA 코로나19 백신 생산업체가 사용하는 정확한 정제 방법은 공개되지 않았다. 사용 가능한 정제 방법으로는 여과막의 표면을 따라 흐르면서 불순물을 제거하는 접선 유동 여과(Tangential Flow Filtration, TFF), 전하량에 따라 성분을 분리하는 이온 교환 크로마토그래피, 분자량에 따라 성분을 분리하는 젤 크로마토그래피, mRNA의 폴리아데닐레이트 꼬리와 선택적으로 결합하는 올리고 dT 친화 크로마토그래피 및 친수성 물질을 흡착 분리하는 하이드록시아파타이트 크로마토그래피가 포함될 수 있다. 이들 중에서 접선 유동 여과, 이온 교환 크로마토그래피, 젤 크로마토그래피(예: Capto Core 700) 및 올리고 dT 친화 크로마토그래파가 사용될 것 같다.

가능한 정제 과정의 일례를 들어보자. 접선 유동 여과로 mRNA를

여과막에 잔류시키고 다른 반응 혼합물은 막을 통과해 빠져나가게
한 후 희석하여 정제 과정을 시작한다. 염화칼륨 완충용액을 추가해
불순물이 여과막을 통해 빠져나가도록 더 효과적으로 세척한다. 추
가되는 완충용액의 양은 보통 접선 유동 여과에 사용되는 양의 열 배
정도다. 이 접선 유동 여과 단계에서는 저분자량(500kDa이나 300kDa
이하)의 불순물이 걸러진다.

　접선 유동 여과를 거쳐 불순물이 제거된 mRNA는 다음 정제 단계
에 적합한 용액으로 희석하여 Capto Core 700 칼럼을 거치게 된다.
이 크로마토그래피에서 분자는 분자량뿐만이 아니라 소수성이며 양
으로 하전된 옥틸아민(octylamine)에 결합하여 분리된다. 이 크로마토
그래피 방식은 크로마토그래프 수지를 적게 사용하면서도 mRNA 산
물을 더욱 효과적으로 걸러낼 수 있다는 장점이 있다.

　Capto Core 700 크로마토그래피 칼럼을 거친 mRNA 산물을 두
번째의 접선 유동 여과를 거쳐 농축한 다음 10배의 여과액으로 씻어
낸다. 불순물을 더 제거한 후 시트르산 나트륨 완충용액으로 대체한
다. 분석과학자들은 순도와 유전자 서열을 다시 한번 확인한다. 그
다음 시트르산 완충용액 내의 mRNA를 여과막을 통해 멸균하고 지
질 나노 입자로 제제된다.

mRNA-지질 나노 입자 제제

이 지질 나노 입자 제제 단계에서는 네 종류의 지질 성분을 포함하는 에탄올과 시트르산 나트륨 완충용액을 포함하는 mRNA를 혼합해야 한다. 네 가지 지질은 이온화 가능한 지질(가장 최근의 성분), 인지질, 콜레스테롤, PEG-lipid 접합체다. 지질이 mRNA의 노출된 가닥과 만나면 반대 전하 때문에 이들은 나노세컨드(10^{-9}초) 내에 서로를 끌어당긴다. mRNA는 몇 겹의 지질로 감싸여져 기름막으로 보호받는 백신 분자가 된다. 지질 나노 입자 제제 단계는 미세유체 혼합기, 제트 충돌 혼합기(T-접합 혼합기라고도 함), 또는 잠재적으로 고압 탱크를 사용해 수행할 수 있다. 고압 탱크 내에서 신속하고 대규모로 생산하는 혼합방식이 가장 선호되는 데 반해 미세유체 혼합방식은 선호되지 않는다.

이 지질 나노 입자 제제가 이루어지는 기간은 공개되지 않았으며 mRNA 백신 제조회사마다 다를 수 있다. 이 단계는 mRNA 원료의약품 생산의 병목에 해당하는 공정으로 간주되며, 결과적으로 이 단계의 지속 시간이 비용 및 연간 생산량 측면에서 공정의 생산 성능에 영향을 미칠 수 있다.

지질 나노 입자 제제 단계 후 mRNA-지질 나노 입자는 먼저 농축된 다음 투석여과 단계를 통해 세척된다. 에탄올 및 기타 불순물은 세척되고 기존의 완충액은 예를 들어 10배 부피의 투석여과 완충액을 사용하여 최종 완충액으로 대체된다. 그 후 완충용액을 포함하는 mRNA-지질 나노 입자를 멸균 여과하고 비닐봉지(예: 10ℓ 비닐봉지)에 넣은 다음 병입 및 마감 시설로 보낸다.

여기에 설명된 접근방식은 합성된 mRNA와 mRNA-지질 나노 입자 복합체를 정제하는 한 가지 가능한 방법을 나타낸다. 모더나나 화이자/바이오엔테크 및 큐어백과 같은 회사는 다른 정제 방법을 사용할 수 있다. 그러나 제품의 품질, 안전성 및 효능을 보장하기 위해 임상의약품 제조 및 품질관리 기준을 준수하는 공정을 사용하여 공정의 다른 불순물과 최종 mRNA 제품을 분리하는 목표는 동일하다.

생산 공정은 5´ 캡 유사체(예: CleanCap AG)를 사용해 mRNA가 전사와 함께 캡씌우기되는 시험관 내 전사 단계, 일련의 접선 유동 여과 및 Capto Core 700 크로마토그래피에 의한 정제 단계, LNP 제제 단계라는 세 가지 주요 부분으로 이루어진다.

병입 및 마감 품질관리

병입 및 마감 시설에서 mRNA-지질 나노 입자는 추가로 정제되고 멸균 여과될 수 있다. 이 시점에서 원료의약품과 멸균된 유리 용기의 품질관리 시험도 수행할 수 있다. 다음으로, 필요한 경우 mRNA-지질 나노 입자 용액을 유리 용기에 넣는 농도로 희석할 수 있다. 모더나 백신은 10회분 유리 용기에 넣는 반면 화이자/바이오엔테크 백신은 6회분 유리 바이알에 넣는다(화이자/바이오엔테크 백신의 경우 0.45㎖를 각 유리병에 넣는데 이를 희석해서 6회분으로 사용할 수 있다). 이를 위해 멸균 세척한 유리 용기가 컨베이어를 따라 이동하는 동안 액체 분주 바늘이 멸균 환경에서 위에서부터 유리 용기로 mRNA-지질 나노 입자 완제품을 채운다. 그런 다음 유리 용기에 뚜껑을 닫고 밀봉하고서 시각적 결함이 있는지 검사한다(카메라와 자동화된 이미지 처리를 사용해 수행할 수 있다). 병입한 후 활성을 유지하기 위해 초저온 냉동한다.

원료의약품 및 완제의약품 제조 공정이 모두 임상의약품 제조 및 품질관리 기준을 따라야 하기 때문에 원료, 공정 중 재료 및 완제품의 품질을 엄격하게 모니터링한다. 품질을 관리하고 제품을 전부 배포하려면 몇 주가 더 소요될 수 있다(예: 4-5주). 연속적인 생산 및 제품 배포를 위해 여러 배치에서 동시에 다른 공정 및 품질관리를 병행하여 실시할 수 있다.

병입된 제품에는 라벨을 붙이고 195개의 유리병을 담은 일명 '피자 박스'로 포장한다. 이 박스를 다섯 겹으로 묶고 산업용 냉동고에 보관한다. 각 냉동고는 300개의 상자를 보관할 수 있다. 장기간 보관하기 위해 백신의 온도를 영하 70℃로 떨어뜨리는 데는 며칠이 걸린다. 각 냉동칸의 온도가 초저온을 유지하고 있는지 확인해야 한다.

일단 냉동된 다음 백신 유리병은 4주 동안 시험를 거친다. 샘플은 mRNA를 생산했던 앤도버 시설과 DNA 주형을 생산했던 체스터필드로 다시 보내진다.

몇 주 동안의 시험을 거친 다음 백신은 이제 선적할 준비가 된다. 냉동고에서 트레이를 꺼내 다시 온도와 위치 센서가 들어 있는 선적 박스로 재포장한다. 최소 주문량은 195개의 유리병이 들어 있는 한

트레이고, 한 박스에는 5개의 트레이까지 포장된다.

각 박스에는 45파운드의 드라이아이스가 포함된다. 화이자는 냉동 방법과 초저온 보관을 필요로 하지 않는, 즉시 사용하는 방법을 포함해 여러 가지 보관 방법을 평가하고 있다. 백신의 상업적 생산은 2020년 9월에 시작되었다.

유행하고 있는 변이 코로나바이러스들의 스파이크 단백질이 사람 세포에 더 잘 융합하거나 항체를 무력화시킬 수 있는 돌연변이를 포함할 수 있기 때문에 백신 제조회사들은 변이 바이러스들을 겨냥할 수 있는 백신을 대량 생산하기 위해 유전적 지침을 바꾼 새로운 백신을 개발·시험하고 있다.

10장

mRNA 백신 연구의 현황과 미래

mRNA의 가능성 확인

코로나19 팬데믹 이전에도 임상에서 다른 감염성 질환 및 암과 같은 악성 질환에 사용하기 위한 여러 가지 mRNA 백신이 연구되고 있었다. 1990년, 시험관 내에서 전사한 mRNA 리포터 유전자를 마우스 골격근에 성공적으로 주입하고 단백질 발현을 관찰하여 mRNA가 생체 내에서 발현될 수 있다는 첫 번째 보고가 있었다. 이후 여러 연구자가 바이러스 또는 암 항원을 암호화하는 mRNA를 사용한 백신을 접종했을 때 항원 특이적 면역반응이 유도된다는 사실을 제시했다. mRNA의 흡수와 수송 그리고 발현을 이해하기 위해 마우스 모델에 바소프레신 mRNA가 주입되었다. 이후 DNA 재조합 기술이나 유전자 편집 기술 등 생명공학적으로 만든 단백질/항체 및 유전자 치료를 보완하기 위해 희귀 유전질환이나 감염병 그리고 암에 대한 단백질 대체 요법이나 항체 요법을 위한 특이한 단백질이나 항체를 암호화하는 mRNA 치료제가 개발되었다.

초기의 결과는 고무적이었지만 mRNA 생산, 질 관리, 전달 및 임상 적용 효능 등 여러 가지 문제점이 해결되지 않은 상태였다. 따라서 실험용 백신에 대한 연구는 1/2 상 임상시험 및 위험성 대비 이익 평가에 머물러 있는 수준이었다. 그러다가 최근 팬데믹 대비 프로토타입 병원체 접근방식과 새로운 혁신을 통해 코로나19 백신을 신속하게 개발할 수 있었고, 규제 당국으로부터 긴급 사용 승인을 받아 팬데믹 상황에 적용할 수 있었다. 이제 mRNA의 가능성이 확인된 만큼 더 많은 mRNA 백신 연구가 뒤따를 것이고, 그 미래는 밝다.

감염성 질환 예방을 위한 백신 개발

mRNA에 기반하여 전염병을 예방할 수 있는 기술에 대한 관심은 점점 높아지고 있다. RNA의 생물학, 화학, 안정성 및 전달 분야의 기술 발전은 완전 합성 mRNA 백신 개발을 가속화했다. 동물모델에서 관찰된 강력하고 지속적이며 안전한 면역반응이 확인되고 인간을 대상으로 한 초기 임상시험에서 성공을 거두면서 기존 백신을 mRNA 백신으로 대체하려는 대안적 플랫폼이 점점 더 관심을 끌고 있다. 이러한 고무적인 결과와 함께 제조 공정이 일반적으로 단순하고 개발 및 제조 비용이 저렴하기 때문에 mRNA 백신에 대한 전망은 산업적으로도 매우 유망하다고 할 수 있다. 최근 코로나19, 에볼라 및 지카와 같은 신종 감염병이 확산되면서 주문형 플랫폼 기술에 기반한 신속 대응 백신을 개발할 필요성이 점점 커지고 있다. mRNA 백신은 백신 개발을 간소화하고 새로운 전염병에 대한 신속한 대응을 촉진할 수 있는 잠재력을 가지고 있다.

우리는 코로나19 mRNA 백신이 등장하기 전까지 mRNA 백신이 아예 존재하지 않았던 것처럼 생각하기 쉽지만 그건 사실이 아니다. 암 면역요법이나 감염성 질환 예방을 위한 mRNA는 전임상을 통해 가능성을 타진하고 초기 임상 데이터를 생산하는 데까지 여러 부문에 걸쳐 점진적으로 발전해왔다. 이러한 연구는 임상시험용 의약품 제조 및 품질관리 기준에 따른 대규모의 mRNA 생산이 가능하고 mRNA 백신이 유리한 안전성 프로필을 가졌음을 입증하는 데 중요한 역할을 했다.

mRNA 백신의 초기 임상 평가는 대부분 암 면역요법을 다루었으며, 종종 비교할 만한 검증된 사례가 없다. 기존 백신이 없기 때문에 플랫폼으로서 RNA의 효과를 평가하기 어려운 암과는 달리, 감염성 질환은 참고할 기존 백신 포트폴리오를 제공한다. 이를 위해 감염성 질환에 대한 상당한 전임상 연구와 초기 임상시험이 진행되고 있다. 현재 독감바이러스, 광견병바이러스, 지카바이러스를 예방하는 백신이 임상시험 중이거나 임상시험을 목전에 두고 있다.

또 하나 이상의 항원을 동시에 생산하는 mRNA 백신도 사람거대

세포바이러스(Cytomegalovirus)를 대상으로 개발 중인데 현재까지 전임상 데이터가 유망하지만, 이 다중 항원 표적 mRNA 백신이 임상에서 사용할 수 있는 방법인지 자가 벡터 백신을 만들 필요성, 유효성과 안전성 및 제조 가능성은 아직 더 신중하게 검토할 필요가 있다.

그리고 기존의 백신을 이용하는 데 있어 남아 있는 문제점도 해결해야 하고, 아직 백신이 없는 만성 전염병이나 감염을 유발하는 병원균에 대한 백신을 개발하고 지카, 에볼라, 니파(Nipah) 및 유행성 독감과 같은 새로운 바이러스 질병에 대한 백신도 개발해야 한다. 바이러스 감염으로 인한 전염병은 거의 매년 등장하거나 재발하며, 모든 경우에 예측이 불가능하고, 이환율이 높고, 확산이 기하급수적으로 일어나고, 사회적 영향이 상당하다는 특징이 있다. 따라서 백신의 신속한 개발, 대규모 생산 및 배포를 가능하게 하는 '주문형 백신' 접근방식이 바람직하다. 이러한 접근방식은 복잡하고 연구 및 개발 프로세스 또한 간단치 않아 기존 백신 기술 플랫폼과 호환되지 않을 수 있다.

코로나19 팬데믹으로 인해 모더나 백신, 화이자/바이오엔테크 백신 등과 같은 mRNA 백신을 사용할 수 있다는 가능성이 증명되었다. 이로써 기존에는 투자자들이 많은 자본을 투자한 다음 시험과 규제 승인을 거쳐 mRNA 치료제가 생산되기까지 거의 10여 년이 걸릴 것이라고 예상했지만, 이제 투자자와 규제 기관 및 정책 입안자들로부터 호의적 반응을 얻는 등 비교적 순탄한 개발이 예상된다.

mRNA 백신의 효능 개선

mRNA 백신의 문제점은 코로나19 백신을 개발하면서 어느 정도 해법을 찾았으나, 아직도 개선해야 할 점들은 남아 있다. 주로 다양한 유형의 mRNA를 어떻게 효율적으로 전달할 것이냐 하는 문제(자세한 내용은 7장을 참조하라), mRNA 자체의 면역원성을 줄이기 위해 염기나 서열을 변형하는 문제(자세한 내용은 5장을 참조하라) 등은 더 연구할 가치가 있다.

비복제 mRNA 백신은 조절 부위로 둘러싸인 항원 단백질의 암호화 서열만 가지고 있다. RNA 분자가 단순하고 상대적으로 크기가 작다는 것이 장점이다. 세포 내에는 mRNA를 분해하는 RNA 가수분해효소 등이 많기 때문에 mRNA의 체내 안정성과 활성은 제한적이다. 그러나 RNA의 구성 요소와 제제를 최적화하면 항원 발현 및 내구성을 증가시킬 수 있다. 캡, 비번역 영역 및 폴리-(A)꼬리는 mRNA 분자의 안정성, 리보솜에 대한 접근성, 번역 기구와의 상호작용에 중요하다. 따라서 이를 최적화하는 것이 중요하다. 또 유전암호 사용은 단백질 번역에 유익한 영향을 미칠 수 있는데, 희귀한 유전암호를 동일한 아미노산을 지시하는 자주 사용되는 유전암호로 대체하면 DNA, RNA 및 바이러스 벡터 백신에서 일반적으로 단백질 발현이 향상된다. 그러나 이 접근방식을 최근 검토했더니 유전암호를 최적화한다고 해서 반드시 mRNA 치료제에서 단백질 생산을 증가시키는 것은 아니라는 사실이 알려졌다.

단백질과 달리 mRNA 백신은 항원 특이적 면역반응을 유도하기 위해 세포질에서 발현되어야 한다. 따라서 mRNA를 세포질 내로 주입한 후 항원 발현의 크기와 내구성을 이해하는 것이 백신을 최적화하는 데 중요하다. 노출된 비변형 mRNA가 근육 내 주사 후 12-24시간에 생체 내에서 단백질 발현을 유도하고 최소 6일 동안 지속된다는 실험 결과가 있다. mRNA 제제, 투여 경로, 뉴클레오티드 변형 및 서열 최적화는 번역의 변동성과 규모에 영향을 끼칠 수 있다.

뉴클레오티드 염기 변형은 소위 변형 mRNA를 생산하는 데 사용되었다. 변형 mRNA 또는 비변형 mRNA라는 용어는 각각 기존의 mRNA를 구성하는 뉴클레오티드를 화학적으로 변형시켰는지 여부를 의미한다. 크로마토그래피(매질로 채워진 원통형의 구조에 혼합물을 통과시켜 물질을 분리하는 방법)를 통해 숙주세포에서 선천성 면역반응을 일으키는 이중가닥 RNA를 제거하고 mRNA 내의 뉴클레오티드 염기를 변형하는 방법은 세포의 패턴 인식 수용체의 활성화를 막아 백신의 효능을 개선하기 위한 것이다. 바이러스의 유전체를 닮은 이중가닥 RNA 또는 바이러스 RNA 복제 중간물질과 같은 여러 RNA 구조는 면역반응을 자극한다. 백신 작용을 위해서는 선천성 면역이 활성화되어야 할 필요가 있지만 부적절하거나 과도하게 활성화될 경우 오히려 항원 발현과 적응 면역을 방해할 수 있다. 예를 들어 카탈린 카리코는 1-메틸슈도우리딘을 함유하는 mRNA가 톨유사수용체, 레티노산 유도성 유전자 I, 단백질 키나제 R 및 2′-5′-올리고아데닐레이트 합성효소의 활성화를 감소시키는 반면 번역 활성, 잠복성 RNA 가수분해효소에 의한 분해 내성 및 생체 내 안정성을 증가시킨다는 결과를 보여주었다. 크로마토그래피를 통해 비정상적인 이중가닥 전사체를 제거한 뉴클레오티드 변형 mRNA는 가장 높은 수준의 단백질 생산 및 면역원성을 나타냈다. 그 결과 마우스, 흰담비 및 비인간 영장류에서 독감바이러스 및 지카바이러스에 대한 보호 면역반응이 증가되는 것으로 입증되었다.

뉴클레오티드를 변형시키는 것 이외에도 서열을 최적화해 단백질 발현과 면역원성의 수준을 높일 수 있다. 구아닌:시토신 함량이 풍부하고 최적화된 비번역 영역을 갖는 mRNA 서열이 시험관 내 및 체내에서 뉴클레오티드를 변형한 mRNA 서열보다 단백질 발현과 면역반응이 더 뛰어나다는 실험 결과도 있다. 또 최적화한 mRNA를 지질 나노 입자에 넣어 전달하면 비인간 영장류에서 광견병 및 독감 항원에 대해 강력한 중화항체 역가가 유도되었다. 하지만 1-메틸슈도우리딘-변형 mRNA를 지질 나노 입자에 넣어 마우스에 피하 주사한 경우, 서열을 최적화했지만 뉴클레오티드를 변형시키지 않은 mRNA에 비해 50배나 많은 단백질을 생산했다는 상반된 결과도 보고되었다. 독감 항원을 암호화하는 유전암호를 최적화하고, 크로마토그래피로 정제한 비변형 mRNA는 1-메틸슈도우리딘 변형 mRNA보다 약한 $CD4^+$ T세포, 여포보조 T세포(Tfh) 및 배 중심 B세포 반응을 유도했다. 결과들이 이처럼 서로 일치하지 않는 이유는 아직 명확하지 않으며 투여 방식, 서열 최적화 알고리즘, 변형 뉴클레오티드 등과 같은 실험 조건의 차이로 인한 것일 수 있다. 그럼에도 불구하고 뉴클레오티드를 변형하거나 염기서열을 최적화하는 두 가지 방법은 비변형 mRNA을 사용하는 방법보다 더 우수한 것으로 평가된다. 마우스와 비인간 영장류에서 지질 나노 입자로 전달한 서열 최적화 RNA 및 뉴클레오티드 변형 RNA는 모두 선천성 면역을 강력하게 활성화시키고, 식세포 및 수지상세포가 주사 부위 및 부근의 림프절로 신속하게 침투하도록 유도한다. 또 사이토카인을 유도하는 유전자를 상향 조절한다.

mRNA를 변형하는 것 외에도 제제의 면역증강제 특성을 증가시키는 것도 백신 접종에 유리할 수 있다는 결과도 보고되었다.

mRNA 백신의 낮은 체내 안정성과 효능을 근본적으로 개선하기 위해 해당 mRNA를 계속 만들어내는 자가 증폭 mRNA 백신에 대한 연구도 이루어지고 있다.

자가 증폭 mRNA 백신

자가 증폭 mRNA 백신은 일반적으로 알파바이러스(alphavirus), 플라비바이러스(flavivirus) 및 피코르나바이러스(picornavirus)와 같은 양성센스 단일가닥 RNA 바이러스의 가공된 RNA 유전체을 기반으로 한다. 모든 경우 mRNA는 양성센스 단일가닥의 복제 기능을 모방하는데, 발현의 기간과 크기를 증가시킬 뿐만 아니라 암호화된 항원의 후속 면역원성을 증가시키는 것을 목표로 한다. 가장 잘 연구된 자가 증폭 mRNA 분자는 신드비스바이러스(Sindbis virus), 셈리키포레스트바이러스(Semliki Forest virus) 및 베네수엘라 마 뇌염 바이러스(Venezuelan equine encephalitis virus)와 같은 알파 바이러스 유전체에서 파생

된다. 랍도바이러스(rhabdovirus)와 홍역바이러스(measles virus)와 같은 음성센스 단일가닥 RNA 바이러스도 RNA 기반 백신 개발에 활용할 수 있다.

자가 증폭 mRNA 레플리콘은 바이러스 구조 유전자를 관심 항원 유전자로 대체하여 만들어지며, 이는 표적세포의 세포질로 전달되면 RNA 증폭이 가능하여 높은 수준의 관심 항원을 발현할 수 있다. 이러한 레플리콘은 내인성 바이러스 구조 유전자가 없기 때문에 백신 접종 후 피험자의 주사 부위에서 감염성이 있는 바이러스 유사 구조를 생성하지 않으므로 약독화 생백신과 관련된 안전성 문제를 크게 줄인다. 자가 증폭 RNA는 또 예를 들어 알파바이러스 유래 RNA 의존성 RNA 중합효소 복합체와 관심 항원을 발현하는 플라스미드 DNA를 이러한 표적세포에 전달함으로써 표적세포에서 직접 생산될 수 있다. 전임상 모델과 인간에서 백신으로 사용되는 알파바이러스 레플리콘 입자의 효능은 높은 수준의 올바르게 가공된 이종 단백질의 생산과 항원 제시 세포를 포함한 다양한 세포 유형에 항원을 전달하는 능력에 달렸다. 바이러스 레플리콘 입자가 감염되면 수지상세포가 활성화되어 사이토카인을 분비하여 적응 면역반응의 크기를 현저히 증폭시키는 강력한 면역증강 효과를 나타낸다.

자가 증폭 mRNA 백신은 세포 내에서 자가 증폭하기 때문에 저용량 백신으로부터 장기간 높은 수준의 항원을 생산할 수 있다. 독감 챌린지 모델에서 사용한 결과에 따르면 자가 증폭 mRNA는 기존 mRNA보다 64배 더 적은 양으로도 동일한 수준의 예방효과를 나타낼 수 있다. 접종량을 절약할 수 있다는 자가 증폭 mRNA 백신의 특징은 백신 접종분을 대규모로 늘려 팬데믹에 대처하는 데 도움이 될 수 있다는 점이다. 반면에 더 긴 자가 증폭 mRNA 분자의 생산 과정과 안정성은 기존 mRNA 제품보다 더 어려울 수 있기 때문에 공정 개선이 필요하다.

항원 발현의 크기와 지속 기간 외에 자가 증폭 mRNA에 의해 유도되는 면역반응의 증가에 기여할 수 있는 또 다른 요인은 숙주의 병원체 관련 분자 패턴 인식 수용체에 결합하여 선천성 면역을 활성화하고 면역증강 효과를 부여하는 이중가닥 RNA 증폭 중간체다. 또 지질 나노 입자에 의한 자가 증폭 mRNA의 전달은 선천적 면역, 항바이러스 및 염증 신호 경로의 활성화와 함께 강력한 국소적 염증 유발 효과를 나타낸다. 마우스의 주사 부위에서 몇 시간 안에 I형 인터페론 및 인터페론 자극 반응이 조기에 강력하게 유도되어 결국 자가 증폭 mRNA의 발현 및 효능을 손상시켰다.

선천성 패턴 인식 수용체가 자가 증폭 mRNA를 인식하지 못하도록 변형된 뉴클레오티드를 사용하는 것은 해법이 될 수 없는데, 왜냐하면 표적세포에서 mRNA 복제를 담당하는 RNA 의존성 RNA 중합효소가 변형된 뉴클레오티드를 인식할 수도 있기 때문이다. 자가 증폭 mRNA 백신의 효능을 높이기 위한 다른 잠재적 전략에는 단백질 키나아제 수용체 단백질 공동 발현, 인터페론에 민감하지 않은 RNA를 생성하기 위한 서열 변형, 백신 전달 시 인터페론 유도를 제한하는 새로운 제제, 인터페론 신호 전달 연쇄작용의 다양한 구성 요소를 표적으로 하는 소분자 조절제가 포함된다.

자가 증폭 mRNA 백신 플랫폼의 또 다른 속성은 동일한 레플리콘에서 여러 항원을 암호화하는 능력이다. 이를 통해 강화된 효능을 위한 표적 항원과 면역 조절 생물학적 분자를 모두 발현하는 백신, B세포/T세포 항원을 암호화하는 백신, 여러 병원체를 동시에 표적화하는 단일 조합 백신 또는 여러 소단위를 갖는 복합 항원을 표적하는 백신을 개발할 수 있다.

요약하면, 자가 증폭 mRNA 백신 플랫폼은 단일 또는 다중 항원 백신을 개발하는 데 사용할 수 있는 다목적 기술이며, 높은 항원 발현과 강력한 고유 면역 증강 효과 덕분에 유효 용량이 적다는 이점이 있다. 자가 증폭 mRNA 레플리콘과 숙주의 선천적 면역의 상호작용을 제어하는 메커니즘에 대한 통찰력과 항원 특이적 면역반응의 후속 조절은 개선된 자가 증폭 mRNA 백신의 합리적 설계를 가능하게 할 것이다.

mRNA 백신의 면역반응

mRNA 백신은 생물체 자신의 것이 아닌 RNA이기 때문에 톨유사수용체 등과 같은 패턴 인식 수용체에 의해 인식되어 선천성 면역반응을 일으킨다. 단일가닥 RNA 분자는 톨유사수용체 7 및 톨유사수용체 8이라는 두 가지 톨유사수용체에 의해 인식되며, 톨유사수용체 7을 거칠 경우 I형 인터페론을 생산하고 톨유사수용체 8을 거칠 경우 종양괴사인자(TNF)를 생산한다. 또 이중가닥 RNA는 톨유사수용체 3에 의해 인식되어 면역체계를 활성화시킨다.

mRNA 백신의 면역반응은 적응 면역반응 경로를 통해 활성화된다. 백신 접종 후 mRNA는 세포질로 들어가서 숙주의 리보솜을 이용해 단백질로 번역되어 수지상세포의 표면에 항원을 제시한다. 이 항원과 결합한 T세포 및 B세포는 세포성 반응과 체액성 반응을 개선한다(면역에 대한 더 자세한 내용은 1장을 참조하라).

암 백신

백신은 이미 특정한 유형의 바이러스성 암을 치료하고 예방하는데 사용되어왔다. 바이러스는 간, 입, 목, 그리고 음경에서 발생하는 일부 암, 일부 백혈병과 림프종, 그리고 거의 모든 자궁암을 유발한다. 미국에서는 일부 간암을 유발하는 B형간염바이러스와 대부분 성행위를 통해 전파되어 자궁암을 유발하는 인간유두종바이러스(HPV)에 대한 예방 백신이 승인되었다. 2006년에 FDA가 승인한 자궁경부암 백신은 여성의 자궁경부암과 밀접히 관련된 사람의 유두종바이러스와 동일한 단백질을 포함하고 있다.

오늘날 암을 치료하는 데 사용되는 방사선이나 화학물질은 종양조직 이외의 많은 부위에도 부작용을 미친다. 이런 문제점을 해결하기 위해서는 특이성이 좀 더 나은 치료제를 개발해야 하는데 이 방법의 하나로 각광받고 있는 것이 바로 mRNA를 이용한 치료제다.

현재 mRNA 백신을 생산하는 등 mRNA 치료제의 선두 기업이라할 수 있는 모더나와 바이오엔테크는 유방암, 전립선암, 피부암, 췌장암, 뇌암, 폐암 및 기타 조직의 암 치료를 위한 약물 실험과 독감에서 지카 및 광견병에 이르는 전염병에 대한 백신 파이프라인을 운영하고 있으므로 그 전망이 밝아 보인다.

또 여러 병원체의 유전정보를 포함하는 다기능 항원 백신을 만들려는 움직임도 있다. 이런 mRNA는 병원체의 다중 단백질을 만들어내고, 결국 대상자를 여러 합병증으로부터 보호할 수 있다. 새로운형식의 백신은 암에 대한 접종으로서 정상의 건강한 세포가 아닌 암세포에서 특이적으로 발견되는 항원을 이용한 면역반응을 통해 이루어진다.

가능성

mRNA를 처음으로 동물모델로 전달한 이후 이 분야는 빠르게 발전했으며 백신 개발을 위한 차세대 바이오 의약품으로 사용할 수 있다는 가능성을 보여주었다. mRNA 백신은 빠른 개발 능력, 높은 효능, 안전성, 그리고 저렴한 제조 비용으로 인해 가장 중요하고 유망한 차세대 백신 중 하나로 간주된다. 이 바이오 의약품은 지난 10년동안 mRNA 백신 분야에서 몇 가지 중요한 성과를 얻었다. 특히 최근에 mRNA-1273 및 BNT162b2라는 두 가지 코로나19 백신이 출시된 이후 차세대 mRNA 백신을 개발할 수 있다는 가능성이 널리 인식되었다. mRNA 암 백신과 mRNA 감염성 질환 백신 모두에서 얻은 데이터를 사용한 인간 임상시험에서는 고무적인 결과를 얻었다. 기술이 빠르게 개선됨에 따라 향후 몇 년간은 새로운 mRNA 기반 치료제 개발에 있어 매우 중요한 시기가 될 것이다. 바이오 의약품 산업의 경우 새로운 질병에 대한 mRNA 백신 제조를 뒷받침할 투자자 그룹이 더 많이 생겨날 것이다. 공공 및 민간 파트너십은 mRNA 기반 백신 개발에 더 유리한 조건을 만들 것이다.

그러나 mRNA 백신 기술 영역에서 몇 가지 개선되어야 할 점이 있다. 첫째, mRNA 백신의 전달 플랫폼이나 전달 물질을 더 개발해야 한다. 둘째, mRNA 백신의 면역원성과 안전성을 더 잘 이해하기 위해서는 임상시험의 기회를 더 늘려야 한다. 셋째, 이러한 백신 후보의 장기적 결과를 평가할 필요가 있다. 넷째, mRNA 백신의 제조 공정을 더 최적화해야 한다. 다섯째, 상온에서 유통할 수 있도록 mRNA 백신의 안정성을 더 높여야 한다.

이러한 점이 개선된다면 mRNA 백신은 무궁무진하게 사용될 수 있고 따라서 이 백신 기술의 미래는 밝다고 할 수 있다. mRNA 백신이 현재의 여러 가지 현실적 장애를 극복한다면 더 많은 mRNA 백신이 차세대 백신으로 임상에 진입할 수 있을 것이다.

부록

용어 해설

- 1상 임상시험(phase 1 clinical trial): 실험적인 약물 또는 치료법의 부작용을 규명하고, 안전한 사용량 범위를 결정하고 안전성을 평가하기 위해 소수의 사람을 대상으로 시행하는 시험.

- 1차 면역반응(primary immune response): 항원에 최초로 노출되었을 때 나타나는 적응 면역반응.

- 1형 보조 T세포(T helper cell type 1, Th1): 염증성 사이토카인 생산을 특징으로 하는 CD4$^+$ 보조 T세포의 한 종류.

- 2-바이알 접근방식(2-vial approach): 백신 성분과 캡슐화 성분을 별개의 바이알(주사약이 들어 있는 유리 용기)에 따로 보관했다가 필요할 때 혼합해 사용하는 방식.

- 2차 면역반응(secondary immune response): 항원에 두 번째로 노출되

었을 때 나타나는 적응 면역반응.

● 2형 보조 (CD4+) T세포([CD4+] T helper cell type 2)：비염증성 사이토
　카인 생산을 특징으로 하는 CD4+ 보조 T세포의 한 종류.

● 3상 임상시험(phase 3 clinical trial)：신약이나 치료법의 효능이 어느
　정도 밝혀진 후에 승인을 얻기 위해 실행하는 마지막 단계의 임상
　시험으로서 대조군과 시험군을 동시에 설정하여 용량 및 효능과
　안전성을 비교·평가하는 시험.

● B세포(B cell)：골수에서 유래하며 항체 생산을 특징으로 하는 체액
　성 면역에 관계하는 세포.

● B형간염바이러스(hepatitis B virus, HBV)：B형 간염을 일으키는 이중
　가닥 DNA 바이러스.

● CD4+ T세포(CD4+ T cell)：II형 주조직적합성복합체 분자가 제시하
　는 항원을 인지하는 CD4+ 공동 수용체(신호 분자를 특이적으로 인식하
　고 결합하는 단백질)를 발현하는 T세포.

● CD8+ T세포(CD8+ T cell)：II형 주조직적합성복합체 분자가 제시하
　는 항원을 인지하는 CD8+ 공동 수용체를 발현하는 T세포. 세포독
　성 T세포라고도 함.

● CVnCoV：큐어백 사가 개발한 mRNA 백신 후보.

● DNA 가수분해효소(deoxyribonuclease, DNase)：DNA를 분해하는 효
　소.

● DNA 백신(DNA vaccine)：병원체나 암의 항원 단백질을 넣는 대신

그것을 합성하는 정보를 DNA 형태로 넣는 백신.

- DNA 의존성 RNA 중합효소(DNA dependent RNA polymerase): DNA 를 주형으로 하여 상보적인 RNA를 중합하는 효소.

- DNA 재조합(DNA recombination): 두 종류의 DNA가 합쳐져서 새로운 재조합 DNA가 형성되는 과정.

- F 단백질(F protein): 사람 세포와 융합을 일으키는 호흡기세포융합 바이러스의 융합단백질.

- HKU1: 감기 비슷한 호흡기 증상을 일으키는 인간 베타 코로나바이러스의 일종.

- mRNA 백신(mRNA vaccine): 병원체나 암의 항원 단백질을 넣는 대신 그것을 합성하는 정보를 mRNA 형태로 넣는 백신.

- mRNA 백신-지질 나노 입자(mRNA-lipid nanoparticle): 지질 나노 입자를 제제로 한 mRNA 백신.

- mRNA: 메신저 RNA. 단백질을 암호화하는 RNA 분자.

- mRNA-1273: 모더나에서 개발한 코로나19 mRNA 백신.

- RNA 가수분해효소(ribonuclease, RNase): RNA를 가수분해(화학 반응 시 물과 반응하여 원래 하나였던 큰 분자가 몇 개의 이온이나 분자로 분해되는 반응)하는 효소.

- RNA 간섭(RNAi): 작은 RNA 분자에 의해 유전자 발현을 억제하는 메커니즘.

- RNA 중합효소(RNA polymerase): RNA를 주형으로 하여 상보적인 RNA를 중합(단위체라 불리는 간단한 분자들이 서로 결합하여 거대한 고분자 물질을 만드는 반응)하는 효소.

- S 단백질(S protein): 코로나바이러스의 스파이크 단백질.

- S1 영역(S1 domain): 코로나바이러스의 스파이크 단백질 중 숙주의 수용체와 결합하는 영역.

- S2 영역(S2 domain): 코로나바이러스의 스파이크 단백질 중 숙주와 융합을 돕는 영역.

- S−2P 단백질(S−2P protein): 융합 이전의 상태를 유지하기 위해 프롤린(α−아미노산 중 하나이며, 비필수아미노산에 속하고 단백질의 가수분해 과정을 통해 얻음) 두 개 변이를 삽입한 코로나바이러스의 스파이크 단백질.

- T세포(T cell): 흉선에서 발달하고 세포성 면역을 담당하는 면역세포 중 하나.

- tRNA(전달 RNA, transfer RNA): mRNA의 유전정보에 따라 아미노산을 순서대로 전달해주는 RNA 분자.

- WIV1: 박쥐의 사스 유사 코로나바이러스.

- 감염성 단백질 입자(proteinaceous infectious particle): 핵산을 갖지 않지만 병을 감염시킬 수 있는 단백질 입자.

- 광견병(ravies): 광견병 바이러스에 의해 발생하는, 인수공통 전염병인 중추신경계 감염성 질환.

- 광견병바이러스(ravies virus): 랍도바이러스에 속하는 광견병의 원인 바이러스.

- 구조 유전자(structural gene): 조절인자를 제외한 모든 RNA 또는 단백질을 암호화하는 DNA 염기서열.

- 극성(polar): 분자 내의 전하가 대칭을 이루지 않고 치우친.

- 기생체(parasite): 숙주의 조직과 내용물을 섭취하며 살아가는 생물체나 바이러스.

- 기억 세포(memory cell): 면역 기억에 관련된 세포를 의미하는 일반용어.

- 내포작용(endocytosis): 세포막 부분이 안쪽으로 함입되면서 엔도솜(진핵세포 내부의 막으로 결합된 칸)이 만들어지는 현상.

- 노출된 mRNA(naked mRNA): 제제로 포장되지 않은 mRNA.

- 뉴클레오티드(nucleotide): 핵산의 기본 단위.

- 다기능 항원 백신(multi-functional antigen vaccine): 체내에서 여러 항원을 동시에 제조하는 백신.

- 단구(monocyte): 한 개의 핵을 갖는 백혈구 세포로 대식세포의 전신.

- 단백질(protein): 하나 혹은 그 이상의 폴리펩티드로 구성되는 생물분자.

- 단일가닥 RNA(single strand RNA, ssRNA): 한 개의 가닥으로 이루어진 RNA.

- 단일클론항체(monoclonal antibody, mAb): 하나의 B세포 클론에 의해 생산되어 구조와 항원 특이성이 모두 동일한 항체.

- 대식세포(macrophage): 대부분의 조직에 존재하며, 병원체 성분에 대한 수용체를 가진 포식세포.

- 뎅기바이러스(dengue virus): 뎅기열을 일으키는 바이러스.

- 뎅기열(dengue fever): 모기가 매개체가 되는 뎅기바이러스에 의해

발병하는 감염성 질환.

- 독감바이러스(influenza virus): 보통 우리나라에서 겨울철에 독감을 일으키는 원인 바이러스.
- 레플리콘(replicon): 자율적 복제 단위.
- 리간드(ligand): 수용체와 결합하는 화학물질.
- 리포솜(liposome): 지질의 극성 머리는 수용액과 접하고, 비극성 꼬리는 서로 상호작용하게 배열된 지질의 구형 집합체.
- 리포터 유전자(reporter gene): 발현되면 원래 프로모터를 갖는 유전자의 특성을 알아보기 쉽게 나타내는 조립 유전자.
- 메르스 코로나바이러스(MERS-CoV): 메르스를 일으키는 인수공통 코로나바이러스.
- 메르스(MERS): 중동호흡기증후군. 메르스 코로나바이러스에 의한 바이러스성, 급성 호흡기 감염성 질환.
- 메신저 RNA(messenger RNA, mRNA): 단백질을 암호화하는 RNA 분자.
- 면역요법(immunotherapy): 면역계를 자극하여 질병을 치료하는 방법.
- 면역증강제(adjuvant): 항원에 대한 적응 면역을 증강시키기 위해 사용하는 물질.
- 면역계(immune system): 병원체나 병원성 분자에 대한 숙주의 방어 메커니즘에 관여하는 조직, 세포 및 분자.
- 면역원성(immunogenicity): 면역반응을 일으키는 성질.
- 모더나 백신(Moderna vaccine): 모더나에서 생산하는 mRNA 백신 (mRNA-1273).

- 미국식품의약국(Food and Drug Agency, FDA): 미국에서 식품·의약품·화장품의 허가·품질·안전성 등을 감당하는 기관.

- 바이러스 벡터 백신(viral vector-based vaccine): 바이러스 벡터에 항원에 대한 유전정보를 넣어 전달하는 백신.

- 바이러스 복제(viral replication): 숙주세포에서 감염과정 동안의 바이러스 생성.

- 바이러스(virus): 단백질로 된 껍질 속에 DNA나 RNA의 형태로 유전물질을 갖는 기생체.

- 바이오엔테크(BioNTech): mRNA와 항체와 백신을 만드는 생명공학 회사.

- 발현(expression): 유전정보가 단백질의 형태로 나타나는 현상.

- 배 중심 B세포(germinal center B cell): 이차 림프조직에서 증식, 선택, 성숙이 활발하게 일어나는 B세포.

- 백신 연관 호흡기 질환 악화(vaccine-associated enhanced respiratory disease, VAERD): 백신을 맞은 다음 바이러스를 무력화하는 중화항체가 오히려 바이러스 감염을 도와 호흡기 질환이 악화되는 부작용.

- 백신 효능(vaccine efficacy): 백신을 투여하지 않았을 때와 비교해 백신이 환자 발생을 줄이는 정도.

- 백신(vaccine): 병을 일으키지 않고 숙주의 면역계를 자극하여 1차 면역반응을 일으켜 향후 병원체 침입 시 2차 면역반응을 활성화하는 분자나 변이 병원체.

- 번역(translation): mRNA의 유전정보를 이용한 폴리펩티드의 합성.

- 베네수엘라 마 뇌염 바이러스(Venezuelan equine encephalitis virus): 중 남미 지역에서 발생하는 인수공통 뇌염의 원인 바이러스.
- 베타 코로나바이러스(beta-coronavirus): 코로나바이러스 아과에 속 하는 코로나바이러스의 한 종류로 인수공통 전염병을 일으키는 양성센스(positive sense) 단일가닥 RNA 바이러스.
- 보체(complement): 염증반응을 증폭시키며 식세포 작용을 활성화 하거나 병원체를 직접 파괴하는 단백질.
- 부작용(adverse effect): 본래의 치료 효과 이외에 나타나는 부수적인 부정적 효과.
- 부종(edema): 신체 조직에 수분이 과도하게 축적되는 현상.
- 비극성(nonpolar): 극성이 매우 적거나 없는.
- 비만세포(mast cell): 히스타민을 분비해 알레르기 반응을 일으키는 역할을 주로 하는 세포.
- 비번역 영역(untranslated region, UTR): mRNA의 열린 해독틀 양쪽에 존재하는 번역되지 않는 영역. 캡과 열린 해독틀, 열린 해독틀과 폴리-(A) 꼬리 사이에 존재함.
- 비인간 영장류(nonhuman primate): 전임상에 많이 사용되는, 영장류 에 속하는 사람 이외의 동물.
- 비호지킨 림프종(non-Hodgkin lymphoma): B세포 또는 T세포에서 발생하는 혈액학적 악성 종양.
- 사람거대세포바이러스(Cytomegalovirus): 헤르페스 바이러스군에 속 하며 감염성 단핵구증과 폐렴을 일으키는 바이러스.
- 사백신(inactivated vaccine): 방사선이나 화학물질을 처리하여 증식

을 하지는 못하지만 면역반응은 나타낼 수 있는 비활성화 백신.

- 사스 코로나바이러스(SARS-CoV) : 사스를 일으키는 코로나바이러스의 한 종류.
- 사스(SARS) : 코로나바이러스의 한 종류인 사스 코로나바이러스가 인간의 호흡기에 침범하면서 발생하는 인수공통 중증 감염성 질환.
- 사이토카인(cytokine) : 면역세포가 분비하는 단백질을 통틀어 이르는 말.
- 사이토카인 폭풍(cytokine storm) : 바이러스가 인체에 침투할 때 사이토카인이 과도하게 분비되어 정상 세포를 공격하는 면역 과잉 반응.
- 상기도(upper airway) : 코, 비강, 구강, 부비동, 인두, 후두로 구성되는 호흡기.
- 선천성 면역반응(innate immune response) : 특정 병원체에 대한 적응 없이 감염이 시작될 때부터 작동하는 방어 메커니즘.
- 세포독성 T세포(cytotoxic T cell) : 표적세포를 죽이는 CD8$^+$를 발현하는 T세포의 한 종류.
- 세포 침윤(cell infiltration) : 면역반응을 위해 림프구, 형질세포, 대식세포 등이 결집하는 현상.
- 세포성 면역반응(cell-mediated immune response) : 항원 특이적인 세포독성 T세포가 우세한 적응 면역반응.
- 셈리키포레스트바이러스(Semliki Forest virus) : 아프리카에서 발견되며 신경교세포나 뉴런의 침윤과 세포사를 일으키는 양성가닥

RNA 바이러스.

- 소단위 백신(subunit vaccine): 면역반응을 유발하기 위해 단백질 소단위를 사용하는 백신.
- 소수성(hydrophobic): 물을 멀리하는 성질.
- 수용체 결합 영역(receptor binding domain): 스파이크 단백질 내에서 숙주세포의 수용체와 결합하는 영역.
- 수지상세포(dendrite cell): 가지 모양을 한 특이적인 항원 제시 세포.
- 스파이크 단백질(spike protein): 숙주세포의 수용체와 결합하여 체내 침입을 돕는 돌기 모양의 단백질.
- 식세포(phagocyte): 호중구와 대식세포 등 포식작용을 하는 특화 세포.
- 신드비스바이러스(Sindbis virus): 관절통, 발진 및 권태감을 유발하는 신드비스 열을 일으키는 알파바이러스.
- 신생합성(de novo synthesis): 처음부터 새롭게 시작되는 합성.
- 아나필락시스(anaphylaxis): 극소량만 접촉하더라도 전신성 알레르기가 나타나는 과민반응.
- 아르기닌(arginine): 아미노산의 한 종류.
- 아지드 유도체(azide derivative): 세 개의 질소 원자가 선형으로 연결된 음이온 유도체.
- 아크투르스(Arcturus): 임상 수준의 mRNA 약품을 개발하는 생명공학 회사.
- 알킬 꼬리(alkylated tail): 탄화수소 사슬로 된 지질의 꼬리.
- 알파바이러스(alphavirus): 일본뇌염과 유사한 증상을 나타내는 양

센스 단일가닥 RNA를 갖는 바이러스.

- 약독화 생백신(live attenated vaccine): 병원체의 활성을 약화시켜 인체 안에서 항체만을 만들도록 제조되는 백신.
- 양성센스(positive sense): mRNA의 역할을 할 수 있는.
- 양이온성 지질(cationic lipid): 양전하를 띠는 지질.
- 언패트로(Onpattro): 앨나이람(Alnylam) 사에서 개발한 진행성 유전성 아밀로이드증에 대한 RNAi 치료제의 상표명.
- 에볼라(ebola): 에볼라바이러스에 의해 생기며 인간을 비롯한 영장류에서 나타나는 치명적인 바이러스성 감염증.
- 엔도솜(endosome): 내포작용 초기에 원형질막을 떠나 세포 내부로 이동한 소포들.
- 엔도솜 방출(endosomal escape): 분자가 엔도솜 내부에서 세포질로 빠져나오는 현상.
- 엔도솜 성숙 경로(endosome maturation pathway): 엔도솜이 세포의 다른 내막과 융합되는 경로.
- 엘리릴리(Eli Lilly): 제약회사 중 하나.
- 여포보조 T세포(T folicular helper cell, Tfh): 항원에 반응하는 이차 림프 조직의 여포 내에 존재하는 중앙 기억세포의 한 종류.
- 열린 해독틀(open reading frame, ORF): mRNA에서 단백질 암호화 영역.
- 올리고 dT 친화 크로마토그래피(oligo-dT affinity chromatography): mRNA의 꼬리 부분에 있는 폴리-(A)와 특이적으로 결합하는 친화도를 이용한 크로마토그래피.

- 올리고아데닐레이트(oligoadenylate): 아데닌 뉴클레오티드가 여러 개 연결되어 있는 분자.
- 외피(envelope): 일부 바이러스의 표면을 둘러싸고 있는 지질 성분.
- 운반체(vector): 숙주로 유전자를 전달하는 바이러스나 입자.
- 유도체(derivative): 화학반응에 의해 비슷한 화합물로부터 유래하는 화합물.
- 유로키나제(urokinase): 혈전을 녹이기 위해 사용하는 약품의 일종.
- 유전자 편집(gene editing): 핵산의 특이적인 부위를 인식하여 절단하는 방식의 유전자 가공 방식.
- 유전자(gene): 특정 염기서열로 이루어진 유전정보의 개별 단위.
- 유전체(genome): 비암호화 핵산 염기서열을 포함하는 생물 또는 바이러스의 유전자 전체.
- 융합 펩티드(fusion peptide): 숙주세포의 수용체와 융합을 돕는 바이러스의 돌기 단백질 내의 펩티드.
- 음성센스(negative sense): mRNA의 주형 역할을 하는.
- 의약품 제조 및 품질관리 기준(good manufacturing practice, GMP): 식품, 의약품, 화장품 및 의료기기 등의 제조·판매를 위해 인허가 기관에서 요구하는 품질관리 기준.
- 이동성 유전 요소(mobile genetic elements): 어떤 종에서 다른 종으로 이동할 수 있는 유전물질.
- 이량체(dimer): 한 개의 조합을 이룬 두 개의 단위체.
- 이온 교환 크로마토그래피(ion exchange chromatography): 전하에 따라 혼합물 내의 분자를 분리하는 크로마토그래피.

- 이온화 가능한 지질(ionizable lipid): pH에 따라 이온화 정도가 달라지는 지질.

- 이중가닥 RNA(double strand RNA, dsRNA): 일부 RNA 바이러스가 유전체로 갖거나 숙주세포에서 복제 도중에 만들어지는 두 가닥의 RNA.

- 이중가닥 RNA 의존성 단백질 키나제(protein kinase R): 이중가닥 RNA에 의해 활성화되며 항바이러스 반응에 관여하는 인산 첨가 효소.

- 인간면역결핍바이러스(human immunodeficiency virus, HIV): 후천성 면역결핍증후군(acquired immune deficiency syndrome, AIDS)을 일으키는 원인 바이러스.

- 인간유두종바이러스(human papillomavirus, HPV): 파포바바이러스과에 속하며 자궁경부암을 일으키는 이중가닥 DNA 바이러스.

- 인산기(phosphate group): 하나의 인과 네 개의 산소로 구성된 다원자 이온기.

- 인지질(phospholipid): 생체막을 형성하며, 글리세롤이 두 개의 지방산과 하나의 인산기와 결합한 지질.

- 인터루킨(interleukin): 백혈구 세포에서 생산되는 여러 종류의 사이토카인에 사용되는 일반적 용어.

- 인터페론(interferon): 항바이러스나 면역조절기능을 갖는 사이토카인의 종류.

- 자가 증폭 mRNA 백신(self-amplifying mRNA vaccine): 백신 구성 요소 중에 자가 증폭에 관여하는 mRNA 복제효소 유전자를 mRNA

의 형태로 삽입한 백신.

- 자연살생세포(natural killer cell): 암세포와 바이러스에 감염된 세포를 죽이는, 선천성 면역에 중요한 역할을 담당하는 백혈구 종류.

- 잠복성 RNA 가수분해효소(RNase L): 인터페론의 항바이러스 활성에 관여하는 RNA 가수분해효소.

- 재조합 백신(recombinant vaccine): 유전자 재조합 기술을 이용하여 만들 항원 단백질로 만드는 백신.

- 전사(transcription): DNA를 주형으로 한 mRNA의 합성.

- 전임상(preclinical trial): 임상시험 이전에 동물을 대상으로 한 의약품의 안전성 및 효능 시험.

- 접선 유동 여과(tangential flow filtration, TFF): 여과막의 표면을 따라 흐르면서 불순물을 제거하는 여과 방식.

- 제제(formulation): 의약품을 치료 목적에 맞게 배합하고 가공하여 일정한 형태로 만든 제품.

- 제한효소(restriction enzyme): 외래 DNA를 인식하고 절단하는 박테리아의 핵산 내부 분해효소.

- 젤 크로마토그래피(gel chromatography): 분자들이 젤을 통과할 때 크기별로 혼합물 내의 분자를 분리하는 크로마토그래피.

- 종양 괴사 인자(tumor necrosis factor, TNF): 암세포를 선택적으로 죽이는 생체 활성 물질로, 사이토카이닌의 한 종류.

- 주조직적합성복합체(major histocompatibility complex, MHC): 항원 제시 기능을 수행하는 세포 표면 단백질을 암호화하는 유전자군.

- 중동호흡기증후군(Middle East respiratory syndrome): 메르스 코로나바

이러스에 의해 일어나며 급성 호흡기 감염을 일으키는 인수공통
전염병.

- 중증급성호흡기증후군(severe acute respiratory syndrome, SARS): 코로
나바이러스의 한 종류인 사스 코로나바이러스가 인간의 호흡기에
침범하면서 발생하는 인수공통 감염성 질환.

- 중증도(severity): 병세가 심한 정도.

- 중합체(polymer): 단위체들이 여러 개 모인 고분자 화합물.

- 중합효소연쇄반응(polymerase chain reaction, PCR): 시험관에서 DNA
를 증폭하는 기술.

- 중화역가(neuturalization titer): 항원의 50%를 중화시키는 항체 희석
농도.

- 지질 나노 입자 유화액(lipid nanoparticle emulsion): 지질 나노 입자가
잘 섞이지 않는 용매에서 콜로이드 상태로 퍼져 있는 용액.

- 지질 나노 입자(lipid nanoparticle): 약물을 전달하기 위한, 지질로 이
루어진 입자.

- 진핵 번역 개시 인자 2α(eukaryotic translation initiation factor 2α): 인산
화에 의해 활성이 조절되는 진핵세포의 번역에 필요한 개시 인자
(단백질 생합성의 일부인 번역 개시 동안 리보솜의 작은 서브 유닛에 결합하는
단백질)의 한 종류.

- 진화계통수(phylogenetic tree): 생물 무리의 진화 역사를 가정한 분
지도.

- 짧은 간섭 RNA(small interfering RNA, siRNA): mRNA와 이중가닥
RNA를 형성하여 세포에서 mRNA를 제거하는 간섭이 일어나도록

하는 짧은 가닥의 RNA.

- 챌린지 시험(challenge test): 살아 있는 바이러스에 노출시켜 백신이나 치료제의 효과를 검증하는 시험.

- 체액성 면역반응(humoral immune response): B세포에서 발달한 형질세포가 분비하는 항체에 의한 면역반응.

- 초저온 전자현미경(cryo-electron microscope): 샘플을 얼려 2차원 영상을 관찰한 후 컴퓨터로 고해상도의 3차원 영상을 재구성하는 방법을 사용하는 전자현미경.

- 치쿤구니야바이러스(chikungunya virus): 열대성 모기가 매개하는 치쿤구니야 열병을 일으키는 알파바이러스 속에 속하는 아르보바이러스의 한 종류.

- 친수성(hydrophilic): 극성이나 이온을 가지고 있어 물과 친한.

- 캡(cap): mRNA의 머리 부분에 존재하는 뉴클레오티드에 첨가되는, 변형 구아닌 뉴클레오티드.

- 케모카인(chemokine): 화학 유인물질로 작용하는 사이토카인의 한 종류.

- 코로나바이러스감염증-19(Coronavirus disease-19, COVID-19): 신종 코로나바이러스에 의한 감염성 질환.

- 코로나바이러스(coronavirus): 사람과 동물의 호흡기와 소화기 감염을 유발하는 돌기단백질을 갖는 RNA 바이러스.

- 콜레스테롤(cholesterol): 동물 세포막에 필수적인 스테로이드성 지질.

- 쿤진바이러스(Kunjin virus): 웨스트나일바이러스와 유사한 뇌염을

일으키는 플라비바이러스의 한 종류.

- 큐어백 백신(CureVac vaccine) : 큐어백 사가 만든 mRNA 백신(CVn-CoV).

- 크롬친스키 방법(Chromchinski method) : 화학적으로 RNA를 분리하는 한 가지 방법.

- 클론선택(clone selection) : 보조 CD4$^+$ T세포가 B세포가 제시한 항원에 결합하여 B세포가 활성화되면 그 B세포의 클론만이 증식되는 현상.

- 키랄 화합물(chiral compound) : 거울에 비친 것처럼 서로 겹쳐질 수 없는 화합물.

- 키토산(chitosan) : 갑각류의 껍질에 들어 있는 성분인 키틴에서 아세틸기를 제거해 만든 폴리글루코사민 화합물.

- 톨유사수용체(toll-like receptor) : 선천성 면역반응에서 특이적으로 다양한 분자를 인식하는 수용체.

- 트랜짓(TransIT) : 핵산을 세포 내로 전달하는 인공 전달체의 일종.

- 트레할로오스(trehalose) : 포도당 2분자로 구성된 이당류의 일종.

- 패턴 인식 수용체(pattern recognition receptor) : 병원체에서 유래하는 분자 패턴을 인식하는 수용체. 바이러스 물질을 감지하거나 신호 전달경로 및 전사인자를 조절하는 역할을 함.

- 팬데믹 대비 프로토타입 병원체 접근방식(prototype pathogen approach for pandemic preparedness) : 같은 종류에 속하는 바이러스 중한 가지를 연구하면 그것이 프로토타입 병원체가 되고 특정한 프로토타입 바이러스를 둘러싼 지식을 얻어 유사 바이러스에 대해

신속하게 대응하는 방식.

- 팬데믹(pandemic): 감염성 질환이 전 지구적으로 유행하는 것.

- 펩티드 백신(peptide vaccine): 항원을 펩티드(단백질 분자와 구조적으로 비슷하면서 보다 작은 유기물질)의 형태로 넣는 백신.

- 포스파티딜에탄올아민(phosphatudylethanolamine): 세포막을 구성하는 주요 인지질 성분.

- 포스파티딜콜린(phosphatidylcholine): 세포막을 구성하는 주요 인지질 성분.

- 폴리펩티드(polypeptide): 단백질을 구성하는, 아미노산 사슬로 이루어진 단위체.

- 풍진바이러스(Ruvella virus): 풍진 및 선천성 풍진증후군을 야기하는 루비바이러스의 유일한 종.

- 프로타민(protamine): 분자량이 작고 가장 간단한 강한 염기성의 단백질.

- 프롤린(proline): 아미노산의 일종.

- 플라비바이러스(flavivirus): 모기와 같은 곤충을 매개로 하여 감염을 일으키는 인수공통 바이러스.

- 플라스미드 DNA(plasmid DNA): 생물체의 염색체와는 별도로 존재하는 작은 고리 모양의 이중가닥 DNA.

- 플라시보(placebo): 실험 대조군에 사용되는 약효가 없는 물질. 위약.

- 피코르나바이러스(picornavirus): 단일가닥 RNA를 갖는 피코르나바이러스과에 속하는 바이러스. 대표적인 종류로 소아마비바이러스

(poliovirus)와 감기바이러스(rhinovirus) 등이 있음.

● 하기도(lower airway): 기관, 기관지, 세기관지, 폐포 등으로 이루어지는 호흡기.

● 하위유전체 RNA(sungenomic RNA): 바이러스를 구성하는 여러 구조 단백질의 설계도 역할을 하는 RNA.

● 하전: 전기적 성질을 띰.

● 항원결정부위(epitope): 항체와 결합하는 항원 분자의 부분 또는 T세포 수용체로 인식되는 주조직적합성복합체 결합 펩티드의 항원 분자의 부분.

● 항원(antigen): 항체(B세포 수용체)와 결합하거나 주조직적합성복합체 분자와 결합하여 T세포 수용체에 제시되는 분자나 분자의 단편.

● 항체(antibody): B세포에서 분화한 형질세포에서 만들어져서 분비되는 면역글로불린.

● 핵산 백신(nucleic acid vaccine): 병원체나 암의 항원 단백질을 넣는 대신 그것을 합성하는 정보를 유전암호 형태로 넣는 백신.

● 혈관 세포 접합 분자(vascular cell adhesion molecule, VCAM): 혈관 내피세포에서 발현되어 백혈구의 결합을 유도하는 단백질.

● 혈소판 내피세포 접합 분자(platelet endothelial cell adhesion molecule, PECAM): 혈소판과 내피의 동형 접합을 통해 백혈구가 내피 장벽의 내피세포로 침윤할 수 있도록 돕는 단백질.

● 형광공명에너지전이(fluorescence resonance energy transfer, FRET): 두 가지 형광 분자가 근접해 있을 때, 공여 분자의 에너지가 수용 분

자로 전이되어 들뜨게 하는 물리적 현상.

- 형질세포(plasma cell): 항체를 분비하는 최종 분화된 B세포.
- 호중구(neutrophil): 감염조직으로 유입되어 병원체를 직접 포식하는, 중성 염료에 잘 염색되는 림프구의 한 종류.
- 호흡기세포융합바이러스(respiratory syncytial virus, RSV): 어린이 및 성인에서 호흡기 질환을 일으키는 가장 흔한 원인 바이러스.
- 홍반(erythema): 염증의 결과로 피부 표면의 모세혈관이 확장되어 혈액이 모여 나타나는 붉은 반점.
- 화이자/바이오엔테크 백신(Pfizer/BioNTech vaccine): 화이자와 바이오엔테크가 합작하여 만든 mRNA 백신(BNT162b2).
- 히드록시아파티트 크로마토그래피(hydroxyapatite chromatography): 히드록시아파티트의 흡착하는 성질을 이용하여 혼합물에서 항체를 정제하는 크로마토그래피의 일종.
- 히말라야원숭이(Rhesus macaque): 비인간 영장류 실험에 많이 사용되며 긴꼬리원숭이 아과에 속하는 원숭이.
- 히스타민(histamine): 염증과 알레르기와 관련되어 혈관을 팽창시키는 유기 분자.

노영우·윤종우. Toll Like Receptor(TLR)와 사구체 질환, TLR:
Key Culprit in the Mediation of Glomerulonephri-
tis. 대한신장학회. http://www.ksn.or.kr/file/jour-
nal/701525348/2010/237-245.pdf

Ahmed, I. 2020. 12. 17. Scientist's mRNA obsession once cost
her a job, now it's key to Covid-19 vaccine. The Times of
Israel. https://www.timesofisrael.com/the-hungarian-
immigrant-behind-messenger-rna-key-to-covid-19-
vaccines/

Aletra, D. & Galli, P. 2021. 1. 18. Face to face with Katalin Karikó, the scientist and vice president of BioNTech to whom we owe the Pfizer and Moderna's antidotes to the coronavirus. Corriere Del Ticino. https://www.cdt.ch/onthespot/face-to-face-with-katalin-kariko-the-scientist-and-vice-president-of-biontech-to-whom-we-owe-the-pfizer-and-moderna-s-antidotes-to-the-coronavirus-DK3628401?_sid=yQeuKA3D

Almeida, J. D., & Tyrrell, D. A. J. (1967). The morphology of three previously uncharacterized human respiratory viruses that grow in organ culture. Journal of General Virology, 1(2), 175-178.

Anderson, E. J., Rouphael, N. G., Widge, A. T., Jackson, L. A., Roberts, P. C., Makhene, M., ... & Beigel, J. H. (2020). Safety and immunogenicity of SARS-CoV-2 mRNA-1273 vaccine in older adults. New England Journal of Medicine, 383(25), 2427-2438.

Aphapharmacists. 2020. 7. 28. 15 on COVID-19 Episode 7/24/20 - mRNA Vaccine Technology. https://www.youtube.com/watch?v=bFSWnzp_Hig

AsapSCIENCE. 2020. 3. 21. The Coronavirus Vaccine Explained. https://www.youtube.com/watch?v=SSuxVwMkcpA

Asmelash, L & Willingham, A. J. 2020. 12. 16. She was demoted, doubted and rejected. Now, her work is the basis of the Covid-19 vaccine. CNN. https://edition.cnn.com/2020/12/16/us/katalin-kariko-covid-19-vaccine-scientist-trnd/index.html

Baden, L. R., El Sahly, H. M., Essink, B., Kotloff, K., Frey, S., Novak, R., ... & Zaks, T. (2021). Efficacy and safety of the mRNA-1273 SARS-CoV-2 vaccine. New England Journal of Medicine, 384(5), 403-416.

Barbaro, M. 2021. 6. 10. The Unlikely Pioneer Behind mRNA Vaccines. New York Times. https://www.nytimes.com/2021/06/10/podcasts/the-daily/mrna-vaccines-katalin-kariko.html?

Basken, P. How academia shunned the science behind the Covid vaccine. The World University Rankings. https://www.timeshighereducation.com/news/how-academia-shunned-science-behind-covid-vaccine

Becherini, B. 2021. 1. 18. La révolution des vaccins à ARN contre les maladies infectieuses. SallesPropres. http://process-propre.fr/Actualites/Profession/Fiche/8674129/La-revo-lution-des-vaccins-a-ARN-contre-les-maladies-infec-tieuses#.YRD2sIgzbD4

Benavente, R. P. 2021. 1. 21. Katalin Karikó, la bioquímica que entendió cómo utilizar el ARN mensajero para curarnos e inmunizarnos. Mujeres Con Ciencia. https://mujerescon-ciencia.com/2021/01/21/katalin-kariko-la-bioquimi-ca-que-entendio-como-utilizar-el-arn-mensajero-pa-ra-curarnos-e-inmunizarnos/

Bendix, A. 2020. 12. 13. BioNTech scientist Katalin Karikó risked her career to develop mRNA vaccines. Americans will start getting her coronavirus shot on Monday. Business INSIDER. https://www.businessinsider.com/mrna-vac-cine-pfizer-moderna-coronavirus-2020-12

Bibel, B. 2021. 3. 19. Katalin Karikó − "solver" and "saver" of synthetic mRNA (like that in some vaccines). The Bumbling Biochemist. https://thebumblingbiochemist.com/365-days-of-science/katalin-kariko-solver-and-saver-of-synthetic-mrna-like-that-in-some-vaccines/

Bibel, B. 2021. 3. 20. COVID-19 vaccine biochemistry, with a focus on mRNA vaccines. The Bumbling Biochemist. https://thebumblingbiochemist.com/365-days-of-sci-ence/covid-19-vaccine-biochemistry-with-a-focus-on-mrna-vaccines/

BioNTech. PRESS RELEASE. Prof. Dr. Katalin Karikó Joins Bi-oNTech Group. https://biontech.de/sites/default/files/2019-08/20140202_BioNTech_Katalin%20Kariko_ENG_final.pdf

Brown, A. 2020. 10. 5. Pioneers in Science: June Almeida. Advanced Science News. https://www.advancedsciencenews.com/pioneers-in-science-june-almeida/

Buschmann, M. D., Carrasco, M. J., Alishetty, S., Paige, M., Alameh, M. G., & Weissman, D. (2021). Nanomaterial delivery systems for mRNA vaccines. Vaccines, 9(1), 65. https://doi.org/10.3390/vaccines9010065

Carter, W., Brodsky, I., Pellegrino, M., Henriques, H., Parenti, D., Schulof, R., ... & Gillespie, D. (1987). Clinical, immunological, and virological effects of ampligen, a mismatched double-stranded RNA, in patients with AIDS or AIDS-related complex. The Lancet, 329(8545), 1286-1292.

Chakraborty, C., Sharma, A. R., Bhattacharya, M., & Lee, S. S. (2021). From COVID-19 to cancer mRNA vaccines: moving from bench to clinic in the vaccine landscape. Frontiers in Immunology, 12, 2648.

Chu, L., McPhee, R., Huang, W., Bennett, H., Pajon, R., Nestorova, B., ... & mRNA-1273 Study Group. (2021). A preliminary report of a randomized controlled phase 2 trial of the safety and immunogenicity of mRNA-1273 SARS-CoV-2 vaccine. Vaccine, 39(20), 2791-2799.

Cognard, F. 2020. 12. 31. Covid-19 : Katalin Kariko, la biochimiste reconnue sur le tard à l'origine des vaccins à ARN messager. https://www.francetvinfo.fr/replay-radio/ l-etoile-du-jour/covid-19-katalin-kariko-la-biochi-miste-reconnue-sur-le-tard-a-l-origine-des-vaccins-a-arn-messager_4222439.html

Corbett, K. S., Edwards, D. K., Leist, S. R., Abiona, O. M., Boyo-glu-Barnum, S., Gillespie, R. A., ... & Graham, B. S. (2020). SARS-CoV-2 mRNA vaccine design enabled by prototype pathogen preparedness. Nature, 586(7830), 567-571.

Corbett, K. S., Flynn, B., Foulds, K. E., Francica, J. R., Boyog-lu-Barnum, S., Werner, A. P., ... & Graham, B. S. (2020). Evaluation of the mRNA-1273 vaccine against SARS-CoV-2 in nonhuman primates. New England Journal of Medicine, 383(16), 1544-1555.

Corbett, K. S., Katzelnick, L., Tissera, H., Amerasinghe, A., De Silva, A. D., de Silva, A. M. (2015). Preexisting Neutralizing Antibody Responses Distinguish Clinically Inapparent and Apparent Dengue Virus Infections in a Sri Lankan Pediatric Cohort. Journal of Infectious Diseases 211: 590-599.

Corbley, A. 2021. 2. 1. She was Demoted, Doubted and Re-jected But Now Her Work is the Basis of the Covid-19 Vaccine. Good News Network. https://www.goodnews-network.org/katalin-kariko-hungarian-chemist-developed—covid—19—mrna—vaccine/

Cox, D. 2020. 12. 2. How mRNA went from a scientific backwater to a pandemic crusher. Wired. https://www.wired.co.uk/article/mrna—coronavirus—vaccine—pfizer—biontech

Cromer, D., Reynaldi, A., Steain, M., Triccas, J. A., Davenport, M. P., & Khoury, D. S. (2021). Relating in vitro neutralisation level and protection in the CVnCoV (CUREVAC) trial. medRxiv.

Dainis, A. 2020. 11. 14. What is an RNA Vaccine? https://www.youtube.com/watch?v=aILLJOa13CA

Dodd, J. 2021. 3. 4. The Women Behind the Vaccine: Meet the Scientists Leading the Fight to End the Pandemic. People. https://people.com/health/the—women—behind—the—vaccine—meet—the—scientists—leading—the—fight—to—end—the—pandemic/

Domínguez, N. 2020. 12. 28. La madre de la vacuna contra la covid: "En verano podremos, probablemente, volver a la vida normal". El País. https://elpais.com/ciencia/2020—12—26/la—madre—de—la—vacuna—contra—la—covid—en—verano—podremos—probablemente—volver—a—la—vida—normal.html

Dr. Vanessa. 2020. 12. 20. What is mRNA? https://www.youtube.com/watch?v=I6kQi3aHMYY

Dr. Vanessa. 2021. 1. 14. Conventional Vaccines: What are they and How do they differ from mRNA vaccines. https:// www.youtube.com/watch?v=48nC5IsrTT0

Entrepreneur Staff. 2020. 12. 29. Katalin Karikó, the mother of the Covid-19 vaccine, affirms 'In summer we will probably be able to return to normal life'. Entrepreneur. https://www. entrepreneur.com/article/362510

France inter avec and AFP. 2020. 12. 20. Vaccin : Katalin Kariko, la biochimiste un temps méprisée, qui a mis au point la technique de l'ARN messager. France Inter. https://www. franceinter.fr/vaccin-katalin-kariko-la-biochimiste-un- temps-meprisee-qui-a-mis-au-point-la-technique- de-l-arn-messager

Fuentes, F. 2021. 1. 2. Katalin Karikó, de inmigrante ignorada a "madre" de la vacuna contra el Covid-19. La Tercera. https://www.latercera.com/la-tercera-domingo/noticia/ katalin-kariko-de-inmigrante-ignorada-a-madre-de- la-vacuna-contra-el-covid-19/R4E7N7WLRFHSLPWKF- 6NVYQZGYE/

Furuichi, Y., Muthukrishnan, S., Tomasz, J., & Shatkin, A. J. (1976). Mechanism of formation of reovirus mRNA 5´-terminal blocked and methylated sequence, m7GpppGmpC. Jour- nal of Biological Chemistry, 251(16), 5043-5053.

Furuichi, Y., Muthukrishnan, S., Tomasz, J., & Shatkin, A. J. (1976). Mechanism of formation of reovirus mRNA 5′ −terminal blocked and methylated sequence, m7GpppGmpC. Journal of Biological Chemistry, 251(16), 5043−5053.

Garde, D. and Saltzman, J. 2020. 11. 10. The story of mRNA: How a once−dismissed idea became a leading technology in the Covid vaccine race. STAT. https://www.statnews.com/2020/11/10/the−story−of−mrna−how−a−once−dismissed−idea−became−a−leading−technology−in−the−covid−vaccine−race/

Gellene, D. 2020. 5. 8. Overlooked No More: June Almeida. New York Times. https://nyti.ms/2zpDsE5

Goloborodsky, J.. 2021. 9. 2. Dr. Katalin Karikó and Prof. Drew Weissman receive the Lewis S. Rosenstiel Award for their work on mRNA vaccines against Sars−cov−2. https://www.thejustice.org/article/2021/02/rosenstiel−award−2020

Goodman, L. 2021. 1. 21. Rosenstiel Award given to pioneering scientists behind COVID−19 vaccines. Brandeis Now. https://www.brandeis.edu/now/2021/january/rosenstiel−covid−vaccine.html

Graham, B. S., & Corbett, K. S. (2020). Prototype pathogen approach for pandemic preparedness: world on fire. The

Journal of clinical investigation, 130(7), 3348-3349.

Guest, K. 2021. 3. 8. Meet the women behind the vaccines, helping to find a path out of the coronavirus pandemic. ABC News. https://www.abc.net.au/news/2021-03-08/the-women-helping-find-path-out-of-pandemic-vaccines/13219120

Hoerr, I. 2019. 2. 7. The Race Is On: What mRNA Product Will Reach the Market First? GEN. https://www.genengnews.com/insights/the-race-is-on-what-mrna-product-will-reach-the-market-first/

Human Vaccines Project. (2020). Dr Kizzmekia Corbett: SARS-CoV-2 mRNA vaccine development enabled by prototype pathogen preparedness. Posted at 2020. 11. 6. https://www.youtube.com/watch?v=881eS5UAlA8

Jackson, L. A., Anderson, E. J., Rouphael, N. G., Roberts, P. C., Makhene, M., Coler, R. N., ... & Beigel, J. H. (2020). An mRNA vaccine against SARS-CoV-2—preliminary report. New England Journal of Medicine.

JAMA Network. 2020. 10. 3. Coronavirus Vaccines — An Introduction. https://www.youtube.com/watch?v=KMc3vL_MIeo

JAMA Network. 2021. 2. 20. Coronavirus mRNA Vaccine Safety and Efficacy. https://www.youtube.com/watch?v=OvPg-6PMI-q0

JAMA Network. 2021. 4. 8. Coronavirus Variants and Vaccines. https://www.youtube.com/watch?v=bXgqZt9q6J4

Jillian Kramer. 2020. 12. 31. National Geographic. They spent 12 years solving a puzzle. It yielded the first COVID-19 vaccines. https://www.nationalgeographic.com/science/article/these-scientists-spent-twelve-years-solving-puzzle-yielded-coronavirus-vaccines

Karikó, K., Buckstein, M., Ni, H., & Weissman, D. (2005). Suppression of RNA recognition by Toll-like receptors: the impact of nucleoside modification and the evolutionary origin of RNA. Immunity, 23(2), 165-175.

Karikó, K., Keller, J. M., Harris, V. A., Langer, D. J., & Welsh, F. A. (2001). 체내 protein expression from mRNA delivered into adult rat brain. Journal of neuroscience methods, 105(1), 77-86.

Kariko, K., Kuo, A., & Barnathan, E. S. (1999). Overexpression of urokinase receptor in mammalian cells following administration of the in vitro transcribed encoding mRNA. Gene therapy, 6(6), 1092-1100.

Kariko, K., Kuo, A., Barnathan, E. S., & Langer, D. J. (1998). Phosphate-enhanced transfection of cationic lipid-complexed mRNA and plasmid DNA. Biochimica et Biophysica Acta (BBA)-Biomembranes, 1369(2), 320-334.

Katalin Karikó – Wikipedia. https://www.google.com/
search?q=Katalin+Karik%C3%B3+%28Hungari-
an%3A+Karik%C3%B3+Katalin%2C+Hungarian+pro-
nunciation%3A+%5B%CB%88k%C9%92riko%C-
B%90+%CB%8Ck%C9%92t%C9%92lin%5D%3B&new-
window=1&ei=w8sQYeW7B5PahwPVqpiID-
w&oq=Katalin+Karik%C3%B3+%28Hungari-
an%3A+Karik%C3%B3+Katalin%2C+Hungarian+pro-
nunciation%3A+%5B%CB%88k%C9%92riko%C-
B%90+%CB%8Ck%C9%92t%C9%92lin%5D%3B&gs_
lcp=Cgdnd3Mtd2l6EANKBAhBGAFQz-wMWM_
sDGDB9AxoA3AAeACAAXuIAeYBkgEDMC4ymAEAoAE-
CoAEBwAEB&sclient=gws-wiz&ved=0ahUKEwilqajJqK-
PyAhUT7WEKHVUVBvEQ4dUDCA4&uact=5

Kennedy, D. 2020. 12. 5. This scientists decades of mRNA re-
search led to Covid vaccine. New York Post. https://ny-
post.com/2020/12/05/this-scientists-decades-of-mrna-
research-led-to-covid-vaccines/

Kirchdoerfer, R. N., Cottrell, C. A., Wang, N., Pallesen, J., Yass-
ine, H. M., Turner, H. L., ... & Ward, A. B. (2016). Pre-fu-
sion structure of a human coronavirus spike protein. Na-
ture, 531(7592), 118-121.

Kis, Z & Rizvi, Z. (2021). How to make enough vaccine for the

world in one year. Posted at 2021. 5. 26. https://www.
citizen.org/article/how-to-make-enough-vaccine-for-
the-world-in-one-year/

Kis, Z., Kontoravdi, C., Dey, A. K., & others, (2020). 'Rapid De-
velopment and Deployment of High-volume Vaccines for
Pandemic Response', Journal of Advanced Manufacturing
and Processing, 2.3, e10060 〈https://doi.org/10.1002/
amp2.10060〉.

Kis, Z., Kontoravdi, C., Shattock, R., & others, (2021). 'Resources,
Production Scales and Time Required for Producing RNA
Vaccines for the Global Pandemic Demand', Vaccines,
1-14 〈https://doi.org/10.3390/vaccines9010003〉.

Kluth, A. 2021. 1. 13. Pfizer, Moderna mRNA vaccines
could vanquish COVID-19 today, cancer tomorrow.
Bloomberg. https://www.bloomberg.com/opinion/
articles/2021-01-09/pfizer-moderna-mrna-vac-
cines-could-vanquish-covid-today-cancer-tomorrow

Kollewe, J. 2020. 11. 21. Covid vaccine technology pioneer: 'I
never doubted it would work' The Guardian. https://
www.theguardian.com/science/2020/nov/21/covid-vac-
cine-technology-pioneer-i-never-doubted-it-would-
work

Kramer, J. 2020. 12. 31. They spent 12 years solving a puzzle.

It yielded the first COVID−19 vaccines. National Geo-
graphic. https://www.nationalgeographic.com/science/
article/these−scientists−spent−twelve−years−solving−puz-
zle−yielded−coronavirus−vaccines

Krarup, A., Truan, D., Furmanova−Hollenstein, P., Bogaert, L.,
Bouchier, P., Bisschop, I. J., ... & Langedijk, J. P. (2015). A
highly stable prefusion RSV F vaccine derived from struc-
tural analysis of the fusion mechanism. Nature communica-
tions, 6(1), 1−12.

Lázár, G. 2020. 12. 19. Katalin Karikó and Drew Weissman. A
shared Nobel−prize for mRNA? Hungarian Free Press.
https://hungarianfreepress.com/2020/12/19/katalin−
kariko−and−drew−weissman−a−shared−nobel−prize−
for−mrna/

Lee, F. 2021. 1. 29. Wegbereiterin der RNA−Technologie. Taz.
https://taz.de/Wegbereiterin−der−RNA−Technolo-
gie/!5743614/

Lerman, G. 2021. 3. 13. Katalin Karikó: la madre del ARN men-
sajero. La Vanguardia. https://www.lavanguardia.com/
vida/20210313/6374466/madre−arn−mensajero−katalin−
kariko.html

Liang, B., Surman, S., Amaro−Carambot, E., Kabatova, B., Mac-
kow, N., Lingemann, M., ... & Munir, S. (2015). Enhanced

neutralizing antibody response induced by respiratory syncytial virus prefusion F protein expressed by a vaccine candidate. Journal of virology, 89(18), 9499−9510.

Lloreda, C. L. 2021. 7. 29. Messenger RNA vaccine pioneer Katalin Karikó shares her long journey to Covid−19 vaccines. STAT. https://www.statnews.com/2021/07/19/katalin−kariko−messenger−rna−vaccine−pioneer/

Maruggi, G., Zhang, C., Li, J., Ulmer, J. B., & Yu, D. (2019). mRNA as a transformative technology for vaccine development to control infectious diseases. Molecular Therapy, 27(4), 757−772.

McLellan, J. S., Chen, M., Joyce, M. G., Sastry, M., Stewart−Jones, G. B., Yang, Y., ... & Kwong, P. D. (2013). Structure−based design of a fusion glycoprotein vaccine for respiratory syncytial virus. science, 342(6158), 592−598.

McLellan, J. S., Chen, M., Leung, S., Graepel, K. W., Du, X., Yang, Y., ... & Graham, B. S. (2013). Structure of RSV fusion glycoprotein trimer bound to a prefusion−specific neutralizing antibody. Science, 340(6136), 1113−1117.

MedCram. 2020. 11. 13. Coronavirus Update 116− Pfizer COVID 19 Vaccine Explained (Biontech). https://www.youtube.com/watch?v=_jwBxZMWrng

MedCram. 2020. 12. 17. COVID 19 Vaccine Deep Dive: Safety,

Immunity, RNA Production, (Pfizer Vaccine / Moderna Vaccine).
https://www.youtube.com/watch?v=eK0C5tFHze8

MIT Department of Biology. 2020. 11. 15. Lecture 10 Vaccines.
https://www.youtube.com/watch?v=xpqfdr9FPWM

Monsen, L. 2021. 3. 9. Katalin Karikó's research led to COVID-19
vaccines. U.S. Embassy in Georgia. https://ge.usembassy.
gov/katalin-karikos-research-led-to-covid-19-vac-
cines/

Moody, M. 2020. 12. 23. News Release. University of Pennsylva-
nia mRNA Biology Pioneers Receive COVID-19 Vaccine
Enabled by their Foundational Research. Penn Medicine
News. https://www.pennmedicine.org/news/news-re-
leases/2020/december/penn-mrna-biology-pioneers-re-
ceive-covid19-vaccine-enabled-by-their-foundation-
al-research

Newey, S. 2020. 12. 2. 'Redemption': How a scientist's unwavering
belief in mRNA gave the world a Covid-19 vaccine. The
Telegraph. https://www.telegraph.co.uk/global-health/
science-and-disease/redemption-one-scientists-unwav-
ering-belief-mrna-gave-world/

Nguyen, H. 2020. 12. 3. Katalin Karikó, Hungarian Biochemist
Who Co-Developed Basis for COVID-19 Vaccine. Redis-
cover STEAM. https://medium.com/rediscover-steam/

katalin-karik%C3%B3-hungarian-biochemist-who-co-developed-basis-for-covid-19-vaccine-b54f8b3013c6

Pallesen, J., Wang, N., Corbett, K. S., Wrapp, D., Kirchdoerfer, R. N., Turner, H. L., … & McLellan, J. S. (2017). Immunogenicity and structures of a rationally designed prefusion MERS-CoV spike antigen. Proceedings of the National Academy of Sciences, 114(35), E7348-E7357.

Pardi, N., Hogan, M. J., Porter, F. W., & Weissman, D. (2018). mRNA vaccines—a new era in vaccinology. Nature reviews Drug discovery, 17(4), 261-279.

Park, A. & Baker, A. 2021. 4. 19. Exclusive: Inside the Facilities Making the World's Most Prevalent COVID-19 Vaccine. TIME. https://time.com/5955247/inside-biontech-vaccine-facility/

Park, A. & Baker, A., 2021. 4. 27. 'Exclusive: Inside the Facilities Making the World's Most Prevalent COVID-19 Vaccine', Time, 2021 〈https://time.com/5955247/inside-biontech-vaccine-facility/〉

Pinheiro, C. 2021. 2, 9. Uma conversa com Katalin Karikó, cientista por trás das vacinas de RNA. VEJA SAÚDE. https://saude.abril.com.br/medicina/uma-conversa-com-katalin-kariko-cientista-por-tras-das-vacinas-de-rna/

Polack, F. P., Thomas, S. J., Kitchin, N., Absalon, J., Gurtman, A.,

Lockhart, S., ... & Gruber, W. C. (2020). Safety and efficacy of the BNT162b2 mRNA Covid-19 vaccine. New England Journal of Medicine.

Racaniello, V. 2020. 10. 8. TWiV 670: Coronavirus vaccine preparedness with Kizzmekia Corbett. https://www.youtube.com/watch?v=UWm5lEyMgME

Racaniello, V. 2020. 11. 19. TWiV 683: Two COVID-19 mRNA vaccines. https://www.youtube.com/watch?v=8yXjDWB-v2Ns

Ramesh, S. 2020. 12. 26. You thought coronavirus is our newsmaker of 2020? No, it's science-made mRNA, its nemesis. The Print. https://theprint.in/opinion/newsmaker-of-the-week/coronavirus-is-our-newsmaker-2020-no-its-science-made-mrna/573980/

ResearchAmerica. 2021. 5.14. The 2021 Building Foundation Award presented at the 2021 dvocacy Awards. https://www.youtube.com/watch?v=Ob_vjIfwoLo

Reville, W. 2021. 2. 18. Vaccinations: Jewel in the crown of modern medical science. The Irish Times. https://www.irishtimes.com/news/science/vaccinations-jewel-in-the-crown-of-modern-medical-science-1.4483327

Rose, J. 2020. 12. 18. If COVID-19 Vaccines Bring An End To

The Pandemic, America Has Immigrants To Thank. NPR. https://www.npr.org/2020/12/18/947638959/if-covid-19-vaccines-bring-an-end-to-the-pandemic-america-has-immigrants-to-than

Rozsa, M. 2021. 1. 24. The hero biochemist who pioneered COVID vaccine tech was professionally spurned for years prior. Salon. https://www.salon.com/2021/01/24/the-hero-biochemist-who-pioneered-covid-vaccine-tech-was-professionally-spurned-for-years-prior/

Scales, D. 2021. 2. 12. How Our Brutal Science System Almost Cost Us A Pioneer Of mRNA Vaccines. WBUR. https://www.wbur.org/news/2021/02/12/brutal-science-system-mrna-pioneer

Schönberger, A. 2021. 2. 20. Im Porträt: Katalin Karikó, die Erfinderin der mRNA-Technologie. Profil. https://www.profil.at/wissenschaft/im-portraet-katalin-kariko-die-erfinderin-der-mrna-technologie/401193535

SciShow. 2021. 2. 4. Why It Actually Took 50 Years to Make COVID mRNA Vaccines. https://www.youtube.com/watch?v=XPeeCyJReZw

Solomon, E, "Where the Magic Happens" — inside BioNTech's Innovative Vaccine Plant', Financial Times, 2021. 5. 14. 〈https://www.ft.com/content/cf5d6113-3698-4cc7-

9d5b-8f0f29fd6a35⟩

SoLxA, G., KoNooRosi, É., Karik, K., & Duda, E. G. (1985). Liposome mediated DNA-transfer into mammalian cells. Am. J. Physiol, 79, 849-868.

Spielberg, P. (2021). Katalin Karikó: Grundstein für mRNA-basierte Vakzine. Dtsch Arztebl 2021; 118(11): A-589 / B-493. https://www.aerzteblatt.de/archiv/218328/Katalin-Kariko-Grundstein-fuer-mRNA-basierte-Vakzine

Strong, M. J. 2021. 7. 30. The long road to mRNA vaccines. Canadian Institutes of Health Research. https://cihr-irsc.gc.ca/e/52424.html

Tarlecki, C. 2021. 3. 17. Pandemic Brought to Forefront RNA Vaccine Work by Abington's Katalin Kariko. Montco Today. https://montco.today/2021/03/pandemic-brought-to-forefront-rna-vaccine-work-by-abingtons-katalin-kariko/

TEDx Talks. 2013. 12. 27. What if mRNA could be a drug? https://www.youtube.com/watch?v=T4-DMKNT7xI

Tempus Public Foundation. 2021. 2. 8. Katalin Karikó - The Hungarian scientist behind the coronavirus vaccine. Study in Hungary. http://studyinhungary.hu/blog/katalin-kariko-the-hungarian-scientist-be-hind-the-coronavirus-vaccine

Tiramillas. 2020. 12. 27. Katalin Kariko, the woman behind the COVID-19 vaccine: We'll probably return to normal life in summer. MERCA. https://www.marca.com/en/lifestyle/2020/12/27/5fe8a483e2704e962a8b45a9.html

Tissera, H., Amarasinghe, A., De Silva, A. D., Kariyawasam. P., Corbett, K. S., Katzelnick, L., Tam, C., Letson, G. W., Margolis, H. S., de Silva, A. M. (2014). Burden of dengue infection and disease in a pediatric cohort in urban Sri Lanka. The American Journal of Tropical Medicine and Hygiene 91: 132-137.

TriLink Bio Technologies. 2020. 12. 3. mRNA DAy 2020 Celebrating the Past, Present, and Future of mRNA. https://www.youtube.com/watch?v=Eysud56Va20

Trouillard, S. 2020. 12. 18. Katalin Kariko, the scientist behind the Pfizer Covid-19 vaccine. France 24. https://www.france24.com/en/americas/20201218-katalin-kariko-the-scientist-behind-the-pfizer-covid-19-vaccine

Újszászi, I. 2020. 12. 19. Katalin Karikó, an Alumna of the University of Szeged, is the Founder of the Most Promising Vaccine Development against the Coronavirus. https://u-szeged.hu/news-and-events/2021/katalin-kariko-an-alumna

Universität Regensburg. 2021. 3. 8. Of Letters and Soldiers.

The New mRNA Vaccine. https://www.youtube.com/watch?v=61hSSgcbnpw

Vaski, A. 2021.01.10. Hungarian Vaccine Researcher Katalin Karikó Potential Candidate for Nobel Prize. Ungarn heute. https://hungarytoday.hu/katalin-kariko-coronavirus-covid-pfizer-biontech-vaccine-researcher-nobel/

Vox. 2021. 2. 2. mRNA vaccines, explained. https://www.youtube.com/watch?v=mvA9gs5gxNY

Walls, A. C., Tortorici, M. A., Bosch, B. J., Frenz, B., Rottier, P. J., DiMaio, F., ... & Veesler, D. (2016). Cryo-electron microscopy structure of a coronavirus spike glycoprotein trimer. Nature, 531(7592), 114-117.

Weissman, D., Ni, H., Scales, D., Dude, A., Capodici, J., McGibney, K., ... & Karikó, K. (2000). HIV gag mRNA transfection of dendritic cells (DC) delivers encoded antigen to MHC class I and II molecules, causes DC maturation, and induces a potent human in vitro primary immune response. The Journal of Immunology, 165(8), 4710-4717.

Whiteboard Doctor. 2020. 12. 19. mRNA Vaccine For COVID-19. Why did we decide to use this vaccine technology now? https://www.youtube.com/watch?v=wU5sTBcl_gU

Winberg, M. 2020. 12. 29. Philly scientist behind COVID vaccine tech was demoted by UPenn, yet she persisted. BillyPenn.

https://billypenn.com/2020/12/29/university-pennsyl-vania-covid-vaccine-mrna-kariko-demoted-bion-tech-pfizer/

Wolff, J. A., Malone, R. W., Williams, P., Chong, W., Acsadi, G., Jani, A., & Felgner, P. L. (1990). Direct gene transfer into mouse muscle 체내. Science, 247(4949), 1465-1468.

Yanes, J. 2021. 1. 26. The Evolution of Vaccines: From Edward Jenner to Katalin Karikó. BBVA OpenMind. https://www.bbvaopenmind.com/en/science/scientific-insights/jen-ner-katalin-kariko-evolution-vaccines/

Yu, A. M., & Tu, M. J. (2021). Deliver the promise: RNAs as a new class of molecular entities for therapy and vaccination. Pharmacology & Therapeutics, 107967.

Zaccardi, N. 2020. 12. 18. Olympic rowing champ's mom helped pave way to coronavirus vaccine. Chat Sports. https://www.chatsports.com/olympics/a/source/olympic-row-ing-champs-mom-helped-pave-way-to-coronavirus-vaccine-16319253

ZDoggMD. 2020. 12. 2. How mRNA Vaccines Work. A Doctor Explains.

기억세포 7, 26-27